The Truth of Life
生命的真相

赛琳娜（Selena）◎著

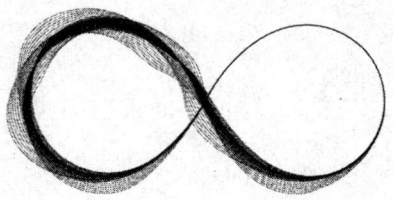

Copyright © 2025 by Selena
版权所有，侵权必究。

图书在版编目（CIP）数据

生命的真相 / 赛琳娜著. -- 北京：华夏出版社有限公司, 2025. -- ISBN 978-7-5222-0852-7

Ⅰ．B821-49

中国国家版本馆CIP数据核字第2024QT9023号

生命的真相

作　　者	赛琳娜（Selena）著	
策划编辑	陈　迪	
责任编辑	陈　迪	
责任印制	刘　洋	
美术编辑	殷丽云	
出版发行	华夏出版社有限公司	
经　　销	新华书店	
印　　装	三河市少明印务有限公司	
版　　次	2025年8月北京第1版　2025年8月北京第1次印刷	
开　　本	710×1000　1/16开	
印　　张	19	
字　　数	210千字	
定　　价	69.00元	

华夏出版社有限公司　　社址：北京市东直门外香河园北里4号
　　　　　　　　　　　　邮编：100028　网址：www.hxph.com.cn
　　　　　　　　　　　　电话：（010）64663331（转）

若发现本版图书有印装质量问题，请与我社营销中心联系调换。

前　言

　　这是一本写给你的心而非脑的书。开始着手创作这些内容其实早在两年前，每当我有感触时，便立刻通过备忘录记录下来，然后将它们发到互联网平台上。短短一两个月我就收到大量读者来信。他们告诉我，我的文字让他们受益匪浅。其中有一些是心理学或哲学研究者、大学教授、宗教信徒及修行多年却始终困惑的人，也有一些是在现实生活中遇到了巨大打击陷入迷茫乃至抑郁的人。于是，我在整理这些文字和帮助他们的过程中萌生了出版本书的想法。

　　实际上，在这个过程中，我又因需要处理很多日常事务以及内心对要不要出书的纠结而拖延了一段时间。最终促使我坚定出书决心的原因是，我发现有人断章取义地采用我两年来在互联网平台上公开展示的内容甚至出版，误导了读者。我认为非常有必要让所有人读到真正的原创作品，了解完整的真相。虽然本书正式跟大家见面晚了近两年，或许我并不应该用"晚"这个词，因为其实一切都刚刚好。

　　你有没有思考过这样一个问题：世间一切事物与你相遇，时间和空间都绝非偶然，万事万物其实都只是为你而来呢？

比如，你会在此刻读到本书……

在此之前你遇到了谁？你经历了什么？最终这一切又是怎样将你导向了这里？

这是我解读整个生命真相系列的一本导读书。它囊括了这个系列的所有主题。后面我会就每一个主题分别出版更为详细且更具针对性的书籍。由于我的书中描述的内容很多部分都难以用文字表达出来，我运用了插图辅助读者理解。

目　录

第一章　从觉醒到真相的旅程　001

觉醒之道：从幻象中走向真相的探索　002
觉醒之旅：揭示外在与内在幻象的真相之路　006
迷雾中的觉醒：探寻内外幻象的真相之路　009
在有限世界中超越自我　012
圆的意义：内外皆可通向真相的觉醒　014
如何阅读我的文章　019

第二章　探寻内在世界的真相　023

当下即所有　024
到底什么是当下实相　027
探索当下的真谛　031

指引心灵的路标　　　　　　　　　　034

梦境如烟：虚实难辨　　　　　　　　037

你即答案　　　　　　　　　　　　　040

相由心生　　　　　　　　　　　　　043

放弃亦是选择：舍与得的智慧　　　　045

独自成就世界：揭示自我创造的真相　048

第三章　疗愈的本质　　　　　　　　051

疗愈的真谛：内在修复与心灵重生　　052

内在小孩　　　　　　　　　　　　　056

识破疗愈的陷阱：洞悉心灵修复的真相　058

第四章　显　化　　　　　　　　　　061

显化幻象　　　　　　　　　　　　　062

显化的真相：根本不存在的规律　　　066

显化与物质能量的关系　　　　　　　068

真正的显化　　　　　　　　　　　　071

动生变化，静生智慧　　　　　　　　074

能量与你　　　　　　　　　　　　　077

金钱的本质　　　　　　　　　　　　087

第五章　超越头脑的限制　　091

与头脑的对话　　092
寻求内心觉醒的旅程　　097
从思考到行动　　100
头脑的游戏　　102
头脑的局限：探寻生命真相的自由之路　　106
谁在控制你　　109
只有超越头脑才能不被头脑控制　　114
摆脱头脑的限制：走向真正的觉醒之路　　117
摆脱选择的纠结：回归内心的宁静　　119
小我的挣扎　　122
谁觉醒　　124
你到底是谁　　127
游戏中的小人儿　　131
觉知与臣服：走出剧情的迷雾，拥抱生命的本质　　134
修行中的迷失与真谛　　137
摆脱抑郁：走向内心平静的实用指南　　140
突破认知：从升维到内在觉醒　　144

第六章　跳出幻象即解脱　　149

时间并不存在　　150
叠加的世界　　153

第七章　允许与接纳的力量　　157

真正的臣服与接纳当下：从无明到智慧的转变　　158
控制情绪是个大错误　　161
体验内在感受的力量　　165
在实相体验中发现生命的真谛　　167
对自己百分之百坦诚　　172
真正放下：心灵的觉知与自在　　177
梦的解析：完成与接纳的过程　　180
无条件地爱自己　　184
内在的镜像：从爱自我到爱外界　　195

第八章　人间游戏怎么玩　　201

跳出头脑系统的自由　　202
大自在：从目的性中解脱　　209
无目的的目的也是目的　　213
探索内在觉知：打破头脑程序的自我限制　　216
真正的开悟：卸载头脑程序，活出无限自由　　222
信任生命：自由落体　　229
人生只需要放轻松　　232
人间游戏的核心：配合　　235
觉醒与喜悦：探索内在真实的情感体验与慈悲之道　　240

第九章　自我觉醒与亲子关系　　245

亲子关系的觉醒　　246
父母对孩子的教育　　250
从生命角度谈养育孩子　　254
你与孩子的关系　　258

第十章　终其究竟之后　　261

开悟的真相　　262
自我证悟的道路：内在觉知的力量　　266
开悟之境：超越凡尘的双重视角　　269
不可说：超越语言的开悟之旅　　273
走出头脑的迷雾：回归真实自我的七大法则　　276
终极意义　　280

后　记　　289

第一章

从觉醒到真相的旅程

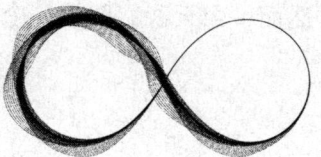

觉醒之道：从幻象中走向真相的探索

近年来，"觉醒"成为一个热门话题，仿佛整个人类社会正经历一个觉醒的时代。然而，今天我们要从一个更高的层面来探讨觉醒和修行的真相。

觉醒的定义

觉醒，字面意思是从睡梦中醒来，有了觉知，后引申为醒悟或觉悟。

假醒

假醒的人通常并未真正意识到人生只是一场梦。他们可能通过头脑层面的分析，选择相信这一可能性或对此半信半疑。这或许是因为他们在生活中经历了巨大的打击、挫折，试图通过相信这一切都是梦境来逃避现实；抑或他们在现实世界中的欲望无法得到满足，转而寻求背后能量的协助。无论属于哪一类，他们通常会在接下来的生活体验中，逐渐走上两条不同的路径：

1. 真醒过来　这通常会在两种情况下发生——他们接下来的经历不断地向他们证明这一切都是幻象，或者他们有机会体验到"真"。在前一种情况下，他们只知道什么"不是"，而不知道什么"是"；在后一种情况下，他们既知道什么"不是"，也知道什么"是"。

2. 半睡半醒　出现这种情况多半是因为他们接下来的经历使他们相信这些剧情体验真实存在，头脑否定了"皆为幻象"的可能性，从而陷入梦境的深渊，随着虚幻的剧情不断重复体验喜、怒、哀、乐、爱、憎、欲、恐，由此展现出贪（greed）、嗔（anger）、痴（ignorance）、慢（arrogance）、疑（doubt）。这也就是所谓的"五毒"，是最终导致人们受苦的原因。总体来说，半睡半醒的人与完全沉睡的人在很多方面并无太大区别，而在某些层面又有巨大差异。

彻底醒过来

彻底醒过来往往是由于某种机缘巧合，使人真实体验到一切皆为幻象。例如，有的人因为遭遇车祸或其他原因经历了濒死体验，还有极少数人天生就能随时体验这一层次。可以看出，这种所谓的彻底通常伴随着体验而非想象。想象来自头脑，而体验不是。

真醒过来

真醒过来的人会有两种明显的状态：

1. 不可能再回到沉睡状态　他们体验了"真"还能不知道"假"吗？即便有时会因为幻象太过逼真而入戏，内心也始终"知道"。只要不断地保持觉知，入幻象的时间就会越来越短，甚至幻象一出现就能立刻察觉。这个过程被称为修行，悟后起修即此过程。

2. 开始寻找真相之路　这如同一个失忆多年、流落他乡的人突然间重拾记忆，意识到自己并不属于这里，也不符合当前的身份。从那一刻起，他会不顾一切地去寻找曾经的家人和真正的身份。这种渴望和行动是不可置疑的，因为它源自内心最深处的本能和对真相的执着追求。

醒来之后……

醒来的人自然知道这仅仅是一场梦。就如同每天早上你无论是睡到自然醒还是被闹钟或其他声音吵醒，抑或是被噩梦惊醒，你都清楚刚刚发生在梦中的剧情不是真的，那仅仅是一场梦。

我们知道，醒来后的人都会踏上寻找真相的道路。这条道路通常有两个方向：一条是向内探索，另一条是向外追寻。前者虽能让人到达彼岸，但沿途充满了各种幻象的考验。绝大多数人会在半路上迷失，而那些最终到达彼岸的人将与所谓的"造物主""一切万有"相遇，发现那其实就是真实的自己。这种境界被称为"合一"。

而向外追寻则是一条越走越远的道路。尽管如此，绝大多数人还是会选择走这条路，因为我们的头脑通常倾向于向外寻求帮助与答案。你可以想象，所有的感官体验就像是层层叠套的盒子，而你所处的"现实世界"不过是其中的一个盒子。这些盒子是无限的。每当你打开一个盒子，下一个盒子就会出现，而每一个盒子都是你自己创造的更大的幻象。

二元性与存在

所有的途径都会再次分化出两条相反的道路。这便是人间游戏的二元性，也是产生一切幻象的规则。而那个"真"则是如如不动地处在中间的"存在"。

通过理解和实践觉醒的真相，我们可以逐步摆脱幻象的束缚，走向真正的自由与智慧。"一切有为法，如梦幻泡影，如露亦如电，应作如是观。"在觉醒的道路上，我们需要不断地保持觉知，探求真相，最终到达觉悟与解脱的彼岸。

觉醒之旅：揭示外在与内在幻象的真相之路

向外求真，是大多数人所走的道路，这条路上充满了千千万万个幻象。在此，我列举一些常见的幻象，当然还有更多没有列举到的，但它们的本质都是相同的。

相信有"高人"可以解救自己

这种幻象是最常见的。当一个人由于遭受打击或其他原因，认为眼前的世界不太真实时，或者当他发现这个世界之外存在一种无形的力量在运作时，他首先想到的往往是向外寻求帮助，以解脱痛苦，实现愿望。

此时，宗教、玄学、灵学等都在等待他。看似他跳出了一个幻象的泡泡，实则进入了另一个更大的幻象泡泡。

这些"高人"通常是各种所谓的心灵疗愈师、算命大师、风水大师、占星师、易经八卦大师、能量玄学大师、灵媒、高维度人、精灵等，可能还有更多未被列举的"高人"。并不是说这些"高人"

都是骗子，虽然其中绝大多数是骗子，但也有一小部分从他们自身角度来看并不是骗子，他们只是同样在寻求真相的路上迷失了，陷入了幻象。

这就像你在沙漠中走了很多天，快要渴死时遇到一个人，他的情况和你一样，且在这里待的时间更久。由于极度饥渴，他已经产生了幻觉，看见地上的沙子就以为是水，不停地往嘴里塞沙子。如果你向他求助，他会把自认为最珍贵的"水源"——沙子，送到你的嘴里。你能说他是骗子吗？他只是陷入幻象陷得更深而已，但想帮助你的心却是非常真诚的。

实际上，"凡所有相，皆是虚妄，若见诸相非相，则见如来"。这句话你若能真正领悟，它就是真正的指路牌。这句话概括了所有可以谈论的真相。

许多人在这条满是幻象的路上不仅没有解脱，反而活得更加受限。为了功德而捐钱放生、吃素供奉，为了求财求福祛病消灾而布施，为了达成愿望而去供养，形式多样，但本质相同。如果要用语言完全描述清楚这一层幻象的表现形式，可能一整本书都写不完。

相信各种灵性物件

灵性物件包括各种佛像、佛牌，以及其他具有象征意义的神像、水晶、能量石、灵摆等，各式各样，五花八门。人们赋予这些物件极深刻的意义，仿佛这些物件就是掌控他们命运的圣物。他们对这些物件顶礼膜拜，将一切希望寄托于物件，而心安理得地放下本应通过行动去体验的每一个当下。

那么，向内探索是否就不会被幻象迷惑呢？答案是否定的。向内探索时遇到的幻象更容易让人陷入其中，信以为真。接下来，我们谈谈在向内探索、寻找真相之路上会遇到哪些常见的幻象。

内心世界的虚幻性

其实,当一个人开始向内探索时,他可能会发现自己的内心世界充满了各种幻象和投射。心理学家荣格曾说:"人类的内心深处潜藏着无数的原型和集体无意识。"内心的这些幻象可能让人误以为自己已经接触到了真相,实际上那些不过是头脑的产物。

冥想与出神体验

在修行过程中,冥想和出神体验常被认为是通向真相的途径。然而,这些体验本身也可能是幻象。印度哲学家克里希那穆提说:"真相是无路可循的,每个人都必须独立探寻。"过分依赖冥想体验,可能会让人误入歧途,误以为那些美妙的幻象就是终极真理。

自我中心与灵性骄傲

向内探索容易导致灵性骄傲,认为自己比他人更接近真理。这种以自我为中心的心态正是幻象的一部分。古希腊哲学家苏格拉底曾说:"我唯一知道的,就是我一无所知。"人只有保持谦逊与开放的心态,才能不断地接近真相。

无论是向外追寻还是向内探索,幻象都无处不在。关键在于保持觉知,时刻警惕头脑制造的幻象。佛陀说的"凡所有相,皆是虚妄"提醒我们,不要被表象迷惑,而要透过现象看到本质。唯有如此,才能在觉醒之路上不断前行,最终抵达真相的彼岸。

迷雾中的觉醒：探寻内外幻象的真相之路

我曾用过一个比喻：我们所处的这一层空间，即被我们称为物质世界的梦境幻象，更像一个有中间层的盒子，如同套娃。你醒来后，要么向外探索，进入更大更远的幻象；要么向内探索，穿越层层幻象，最终找到真相，与真正的自己合一。

许多真正的修行者最容易在回归内心的道路上被幻象所迷惑而不自知。我认为，在向内探索的过程中遇到的幻象可能最容易瓦解你的定力，让你深信不疑地陷入其中。因为在这条路上，你完全是在孤独地前行，没有老师指引，没有路标可供参考。

路标只会出现在物质世界这一层。在这一层梦境中，我称为指路牌的东西可以是某个人、某本书，甚至可能是某句话。然而，这些指路牌在你向内探索的道路上不再出现，也不可能出现。这就像你打开心门，开启了向内探索的回归之路，这条路只能由你自己独自行走。因为这条路通往源头，而源头就是你自己。尽管我希望能更清晰地描述这一切，但我发现这是不可能的。

　　每个人进入内在世界的经历都是独特的。我会尽量用一些常见的幻象来谈谈这个话题。我觉得有必要讨论这个问题的主要原因是，向内探索过程中出现的幻象通常比向外探索过程中出现的幻象更真实，更有力量让你瞬间沦陷且深信不疑。

　　你可能会在禅定或冥想中连接上大家所说的高我、真我、本我、圣灵等。不论你如何称呼它，都不重要。总之，你连接到了更高层面的自己。由于每个个体存在差异，有的人是通过听觉（听到有人跟他说话）连接，有的人是通过视觉（看到某些光或形态），还有的人是通过其他"五感"。总之，每个人的感受各不相同。此时，人们通常会陷入幻象，因为这是一种非常强烈的体验，甚至可能出现非常逼真的画面与互动。此刻，你需要将自己拉出来。记住，"凡所有相，皆是虚妄"。

佛陀曾说，即使在禅定中遇到他，也不要相信，因为那都是你的心魔幻化出来的相而已。有些人在入定后会看到恐怖画面或感到恐惧，这与上面的道理相同，"五感"不过是更立体的相。这就如同你在物质层面利用"五感"体验到的相一样，你无须在意、无须控制，也不要陷入其中，仅仅去观照即可。相会在你观照的时候很快消失。

那么多人试图通过各种路径寻找真相，却遇到各种问题。其实，真相根本不需要你去寻找，无论是向内还是向外探索，基本上是难以寻找得到的。绝大多数人最终会迷失在途中。佛陀肯定经历过这一切，最终悟到，其实真相无须寻找，最简单的门户就在每一个当下。这个门户始终向你打开，而你却舍近求远、视而不见。

在有限世界中超越自我

相没有好坏真假对错之分

你在相内，对你而言它就是真实存在的；当你跳出并超越它，它对你来说就只是个幻象而已。所谓"破相"，指的就是一层层地超越它。

很多人一听说这也是相、那也是相，便感觉没有任何可以抓取的东西。其实，每当我说某种存在是幻象时，你需要明白，我是站在绝对真实的层面俯瞰一切存在，它们的确都是相。然而，目前如果你仍在其内，对你来说它就是存在的。我一直在解释这个问题。

既然是相，那么它们就是有限世界的产物；既然是有限世界的产物，那么它们就肯定不是恒久不变的东西，就一定会有在头脑层面的好坏对错正负之分。这也就是为什么很多人会问："我连接上了更高层面的存在——高我，听到了高我的提示或者感受到了其他层面的存在，现在你说这都是相，那就等于说这些都是虚假的东西，不要相信了，是吗？他们给我的信息指引都是假的吗？"你看，这就是头脑的局限。头脑往往是二元对立的，当你说这是幻象时，你的头脑就会判断这是假的、错的、骗人的、负面的。为什么我们不能站在中间呢？我只是说，所有你看到、听到、连接到的存在，不管是什么，的确都是相。但如果那个相给你带来了有助于你醒来或对你有用的信息，你完全可以参考它并实践，不要总是在脑子里判断它的真假对错。

请记住，所有相都是有限世界的产物，因此必然存在有限世界的二元对立。有的相能帮助你回家，有的相会带你入梦。我主要强调的是，即便那个相给了你很有帮助的信息，你获取信息即可。你要清楚地知道那只是相。就像我一直举的例子：你是为了回家才去坐船的，过河以后那艘船（相）对你来说就没有意义了。你不要执着于那艘船（相）本身，背着它走，研究它是怎么来的，甚至邀请一群人一起研究那艘船，这就是着了相，忘了你原本的目的。

圆的意义：内外皆可通向真相的觉醒

内与外

在前面的内容中，我建议大家向内而不是向外探索。然而，作为有二元对立思维的人，往往会本能地认为向内探索是对的，而向外探索是错的。实际上并不是这样。

整个存在就像一个圆——古人用太极图表示自己悟到的这个道理。不管你是向内还是向外探索，最终都会找到真相，只是向内探索的路更近，而向外探索则方向相反。这就像在地球上一样，你要找的人就在你身后，你一转身就可以找到，如果你选择了反方向，虽然会经历千山万水绕地球一圈，但最终还是能找到他。

举个物质世界的例子：从最高层面的觉醒来看，我们所住的这一层是幻象。我们在这一层所研究和学习的都是表象。无论是发明创造还是高科技的发展，物理、化学、医学等，都在推动人类社会发展。然而，一旦你醒悟，站在最高层面来看，就会发现这些确实都只是幻象。（此时，头脑不要介入，不要认为都是幻象就毫无意义，真相并非如此。）

从量子力学的角度来讲，观察即存在。简单地说，物质世界由量子组成，任何事物，只要你没有去观察，它就不存在。光具有波粒二象性，而当你开始观察时，它就呈现出其中一种确定态——波动态或粒子态。著名的实验——薛定谔的猫，就证明了这个道理。

在物质世界中，如果你不打算用最便捷的方式向内寻找真相，那么向外探索也可以。无论选择哪条路，最终都能走到。因为在无时空状态下，时间是不存在的，但在有限幻象中，我们是无法跨越时间的。因此，找到家可能是在经历无数个轮回后。（请记住，我谈论轮回的存在，是在降维到因果轮回的幻象中讨论的。当彻底醒悟地站在真相维度时，轮回对你而言就不存在，因为它在相之内，你在相之外。这就是所谓的超越因果轮回。）

向外探索的每条路都一样，没有区别。你可以耐心地研究任何一个东西，最终都会回到家。这就像别人说的，当你把科学研究到极致时，你会发现"神"在那里等着你。这里的"神"就是那个真相，也就是生命在那里等着与你会合。有些人在一滴水、一片树叶中看到了整个世界，也是这个道理。

例如医学，你可以深入研究医学中的任何一个具体项目，逐步深入细胞层面，再继续研究下去；如果研究物质层面，你需要一直深入量子层面，再继续发现更多层次。刚才说的是微观层面的研究，你也可以研究宏观层面，从物质到宇宙，再继续扩展下去。其实这些是一样的道理。

无论你研究最小的微观层面还是最大的宏观层面，只要你有足够的耐心、时间和能力，就可以将其研究到极致，最终得到一样的答案："神"在那里等着你，真相在那里等着你，你自己在那里等着你。

爱因斯坦，这个天才般的人物，在他生命的最后时刻说："上帝不扔骰子。"一切都不是随机的。我想，他可能研究到了科学的尽头，看到了"上帝"在那里等着他。

向内求与向外求的区别

向内求和向外求看似是两种对立的方式，实则只是通往同一个真相的不同路径。向内求更为直接和近捷，向外求则充满曲折和迂回。二者如同圆的两端，无论选择从哪一端出发，最终都会汇聚。

向内求，是从自我出发，深入内心，通过内观、锚定当下等方式，逐渐剥离表象，直达本质。向内求的旅程虽无外界的风景，却充满了探寻自我的深度与广度。这条路径要求行者具备极强的定力和极深的觉知，能够抵御内心幻象的诱惑，保持对真相的专注。

向外求，是通过对外界的探索和研究，从宏观到微观，从物质到精神，逐步揭示宇宙的奥秘。科学、艺术、哲学等领域的研究，都是向外求真相的途径。尽管这条路更为漫长，但其过程中的发现和成就，也同样能够带领人们接近真相。

太极图与圆的象征

古人用太极图表达了对宇宙与人生的深刻领悟。在太极图中，阴阳两极互相转化、动静相生，象征宇宙的圆融与和谐。向内求和向外求，正如阴阳两极，无论从哪个方向出发，最终都将回归统一的圆满。

太极图中的阴阳鱼眼，表明了在每一种极端中都包含着其对立面。向内求中的每一次深入，都可能给人带来对外界的新视角；向外求中的每一次突破，都可能促成内心的觉醒。这种互补与转化，使得向内求与向外求并非绝对对立，而是相辅相成，共同指向终极的真相。

无论你选择向内求还是向外求，最终都能到达真相的彼岸。向内求是直接的捷径，但需要极高的内在觉知和极强的定力；向外求虽曲折漫长，却充满了探索的乐趣和发现后的惊喜。正如圆的两端，选择从哪一端出发，完全取决于你自己的倾向。无论选择哪种方式，都在指引你回归那个终极的源头，与真正的自我会合。

向内求与向外求的区别在于路径的选择不同，但其最终目标是一致的，即找到真相，实现自我觉醒。两者的过程和体验虽有不同，却在本质上互为补充，共同构成了完整的觉醒之路。

向内求的过程与挑战

向内求是从自我出发，通过内观、冥想、锚定当下等方式，深入内心，剥离表象，直达本质。这条路虽然便捷，但也充满了挑战和困惑。内心的幻象比外界的更让人迷惑，因为它们更贴近我们的自我认知和情感体验。

在向内求的过程中，我们会遇到内心的种种幻象，这些幻象常常以"高我"的形式出现，给我们带来强烈的感官体验，如听觉、视觉等。这些体验虽然真实，却也是幻象的一部分。正如佛陀所言："凡所有相，皆是虚妄。"我们只有保持高度的觉知，不被这些幻象所迷惑，才能不断地向内深入，找到真正的自我。

向外求的探索与发现

向外求是通过对外界的探索和研究，揭示宇宙的奥秘，找到真相。这条路虽然漫长，但充满了探索的乐趣和发现后的惊喜。科学、艺术、哲学等领域的研究，都是向外求真相的途径。

向外求的过程需要我们不断地拓宽视野，深入探究外界的本质。从宏观的宇宙到微观的粒子，任何一个领域的深入研究，都可能带领我们接近真相。

1. 佛陀的智慧："凡所有相，皆是虚妄，若见诸相非相，则见如来。"——这句话提醒我们，不要被表象所迷惑，要超越幻象，找到真正的自我。

2. 爱因斯坦的思考："上帝不扔骰子。"——这句话表达了他对宇宙内在规律和秩序的深刻理解，强调了一切现象背后的真相。

3. 老子的道理："道生一，一生二，二生三，三生万物。"——这句话揭示了宇宙的生成和演化过程，强调了从一到多的转化过程，提示了我们要理解和把握这一过程的真相。

在寻求真相的道路上，我们需要保持开放的心态，无论选择向内求还是向外求，最终都会到达真相的彼岸。向内求需要我们具备极高的内在觉知和定力；向外求则需要我们拥有探索未知领域的勇气和智慧。无论选择哪种方式，最终都在指引我们回归那个终极的源头，与真正的自我会合。

在觉醒的道路上，我们需要保持觉知，超越幻象，最终找到那个永恒不变的真相。

如何阅读我的文章

可能你们会觉得很不解：为什么这一节会出现在第一章的末尾而不是开头？因为我需要不加干扰地让你先自行阅读体验，当你已经读完第一章前面的内容看到了这里，我再把阅读指南放于此。

看完这篇阅读指南，请放下书，深呼吸，感知你的内心：它有没有被唤醒的记忆？你到底是谁？

本书是写给心而非脑的，所以在阅读过程中最好减少头脑的干预。如果头脑试图理解与分析每个词汇和语句的正确解释，那就会使本书失去原本的面貌。当头脑过度参与，产生困惑时，你可以暂时放下，不要勉强自己，等到心情放松时再继续阅读。

试图用三维世界的有限语言去描述那个完全不属于这里且无限的生命本质，本就是很难的事，没有人能做到完整、对应地表达。否则，佛陀不会"拈花一笑"而不语，也不会有"道不可讲，一讲便错"的说法。

本书中的每一句话都不应该通过头脑系统来阅读理解，而应该仅仅通过眼睛和头脑这两个工具，然后直接进入内心。然而，太多的人在通过头脑系统分析和理解并试图找到答案时被它"扣留"。

对于本书，有两种阅读情况：一是那些能够直接进入心流的人，他们会悟到（全部或部分），并且他们悟到的东西都是一样的；二是那些无法进入内心而停留在头脑层面的人，他们会发现各有各的问题和理解。为什么会这样呢？因为每个人的头脑对文字的理解取决于其不同的认知水平。也就是说，每个人只能理解到自己认知范围内的意思，所以每个人的理解都不同。而悟到的人的理解之所以一致，是因为心是一样的，心不受制于认知的限制。这也解释了为什么我常说，悟与否和你的文化程度及认知范围无关。这完全是两个系统的东西。

举个例子，很多人都在说"你是自己世界的创造者，因此你可以改变自己世界的剧情"。如果有一万个人看到这句话，虽然大家都识字，但恐怕只有一个人真正悟到了这句话的真正含义。其余9999个人会有各自的理解：有的人认为自己当前所扮演的角色就是自己世界的创造者，因此角色有能力改变剧情；有的人认为角色和头脑不是真正的自己，意识才是，所以觉得意识可以创造和改变剧情；还有人认为潜意识才是真正的自己，所以他们觉得通过内在潜意识可以改变剧情。因此，各种正念、肯定语应运而生。

你看看，这一万个人都觉得这句话是对的，从真相角度看也没错。但问题是，9999个人是否真正理解了这句话的含义？你知道自己是谁吗？头脑、意识、意念、信念、心念等词汇并没有本质的区别，它们都在描述头脑层面的虚幻念头。所以，不同的词语表达的意思并没有实际上的不同。语言这个东西，一万个人会有一万种理解，你所有的理解仅仅是自己认知的解析以及你的头脑希望得到的答案，并不是真相。比如，一个沉睡在头脑世界中的人，妄想通过各种方式改变生命剧本。但即便是一个彻底的悟者，也无法在剧情中主动改写剧本。然而，不同之处在于，悟者根本不想改，因为

第一章 从觉醒到真相的旅程

他清楚自己（那个真正的自己或生命）正在无时空状态下创造剧情体验。只是他现在正在人生游戏中使用的接收工具（头脑）太弱，无法解压那个庞大的剧本文件，但他知道无须解压，因为自己正在创造。他还有什么不放心的呢？体验本身就是目的，这就是醒来后对生命的信任与笃定。这不是头脑的信与不信，仅仅是一种"知道"，就是"知道"如此。

最后，我讲一个故事：一个画家在无时空状态下画了一幅极美的画，他把自己画成了无数个角色，然后他自己也走进画里体验自己的作品。只不过进去之后他忘了自己是谁。有一天，他突然醒了，想起原来是自己画的这幅画，并且他此刻在无时空状态下还在创作这幅画。于是，他笑了。

第二章

探寻内在世界的真相

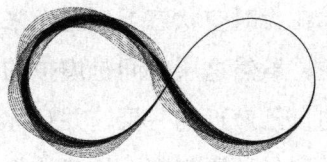

当下即所有

我们所处的这个物质世界只不过是一层幻象,它并不是真实存在的,只是真正的你在无时空状态下创造出来的一层虚拟空间。你是来体验的。请记住,虽然这层空间是虚拟的,但它是你距离真正的、无时空状态下的自己最近的一层,并且你通往无限的门户就在当下。所以,你会听到各种语言都在描述让你活在当下,当下即所有。多数人都知道这句话是对的,却很少有人真正理解。若真正理解,他们早就不会在幻象中纠结了。这就像人人都觉得佛陀说的"凡所有相,皆是虚妄"是对的,但见相就入。

真正的解脱是没有了贪嗔痴慢疑,人却偏偏因为贪嗔痴慢疑而陷入其相。世间几乎所有的痛苦都源于贪嗔痴慢疑。如果没有了这些,人也就不会陷入痛苦。求神拜佛、诵经、疗愈脉轮能量、阿卡西记录、高维度升级、灵魂DNA修复、拿回原力……你看看,哪一种幻象不是利用了你的贪嗔痴慢疑来引诱你进入它的呢?

多数人没有意识到这些修行方式其实只是更深层次的幻象,因为它们依赖于人类内心深处的贪嗔痴慢疑。人们渴望解脱,渴望摆脱痛苦，于是这些方式成为人们的希望和依赖。然而，真正的解脱不是通过外在的修行方式，而是通过在内心放下，认识到自我与宇宙的本质联系。

心理学与哲学的智慧

现代心理学和哲学中有许多理论可以帮助我们理解这种幻象的本质。卡尔·荣格的集体潜意识理论和约瑟夫·坎贝尔的英雄之旅，都揭示了个人和集体经验中的象征和原型，展示了我们如何在幻象中寻找意义和寻求解脱。

进一步讲，量子物理学中的观察者效应也表明，现实的存在与我们的意识密不可分。我们对现实的观察实际上在创造着现实，物质世界的存在依赖于我们的观察，现实是我们意识的投射。这与古老的智慧不谋而合。理解这一点，可以帮助我们更深刻地体会物质世界幻象的性质。

从哲学角度看，柏拉图的"洞穴寓言"描述了人们如何被虚幻的影像所迷惑，误以为那是现实，但真正的现实在洞穴外面。而无评判地觉察当下的体验，减少对过去和未来的执着，才是缓解心理压力和痛苦的方式。

这幅图展示了柏拉图的"洞穴寓言"。洞穴内,人们被锁链束缚,只能看到地上的影子,这些影子是由火光投射并被幕后的人操纵的。

活在当下:通往真实自我的实践

当你听到"活在当下"这句话时,你不应仅仅停留在对表象的认知,而是要真正体会到每一个瞬间都是通往无限自由与平和的门户。通过觉察自己的内心,超越贪嗔痴慢疑,你将发现那个真正的自己,那个在无时空状态下的自己,一直在等待着你觉醒。

正如《般若波罗蜜多心经》中所说:"色即是空,空即是色。"这一切看似是真实的世界,实际上都是虚幻的投影。理解了这一点,你就能超越幻象,进入真正的自由与平和。无论你选择哪种修行方式,最重要的是意识到所有外在的修行都是引导你向内观照的工具。只有当你彻底放下内心的贪嗔痴慢疑,你才能真正体会到那份无时空状态下的宁静与安详。

总的来说,我们所处的世界是一个精妙的幻象,而真正的解脱在于认识到这一点,放下执念,活在当下。通过不断地向内探索,你将找到通往无限自由与平和的道路,实现真正的自我觉醒。

到底什么是当下实相

当你知道了一切皆幻象，懂得所有的答案都在每一个当下实相里后，你也就明白了要回到自己所扮演的角色中体验每一个当下实相。然而，这时你可能会困惑，无法正确理解什么才是当下实相。有时候你以为自己正在体验当下，实际上你已经脱离了当下实相，陷入头脑的幻象中而未察觉。

所谓"实相"，就是已经存在的事实，你所有的体验、关注和臣服都应围绕它进行。当下实相不是你脑海中想象的可能的人和事物，也不是已经过去的记忆中的人和事物，而是你当下正在体验的实实在在的人和事物。

例如，你现在正坐在客厅，那么你的当下实相仅仅是你的"五感"所能体验到的每一个物品。此刻，厨房、厕所以及你家隔壁那家店对你来说根本不存在于你的实相中，仅仅是你头脑中的记忆。只有当你走进厨房时，生命才会为你投射那个实相。所有的实相都是生命在为你投射，生命不投射，你连一棵树都看不见，更别说其他人和事物了。

要在你的实相里参透实相,而不是通过头脑中想象的东西。真正的实相不是头脑中的记忆、认知或对未来的幻想。你总是试图在头脑中寻找答案,但答案都在实相里。

当你知道了一切皆幻象后,你就会明白真正的智慧在于如何在每一个当下实相中生活和体验,而不是被头脑中的幻想所迷惑。通过不断地回到当下,你能够超越贪嗔痴,找到内心的平静和真正的自由。其实,这就像你玩游戏,游戏地图一般只能在你的游戏角色走过去的时候才会被打开,角色没走过去的时候地图是不存在的,那里是一片空白。可能你的头脑会凭记忆固执地认为那个地方的所有东西都存在,仅仅是因为角色没走过去而已,实际上那是头脑用记忆在假设。角色没有过去的时候,那些东西真的不存在。通过这个类比,你可能会稍微理解这个概念。

上一页的那幅图展示了一个游戏场景，其中只有角色周围的区域是可见的，而地图的其余部分则是空白和未被定义的。角色在行走，随着他移动，周围的环境逐步展开，展示出丰富的细节和色彩。在远处，地图是一片空白，象征未知的领域。这幅图完美地诠释了地图只存在于角色的每一个当下，就像现实只存在于我们立即能感知到的部分一样。所以，最重要的就是你要走过去体验它，而不是凭借头脑的认知、记忆和幻想去思考它。只有每一个当下的实相，才是生命正在为你投射的答案。你只有去做、去体验，才能获得这些答案。在每一个当下，生命都为你提供了许多选择，但你往往用被限制的头脑过滤掉了多种可能。不去尝试，你会觉得眼前只有一条路。这就是为什么你会被头脑的认知所限制。你不去做，怎么知道不可能呢？

每一次去做的时候，你就会打开一张全新的"地图"，那是你的生命在那个当下为你投射的实相。不要用头脑去判断那个实相的好坏。去体验的同时，你会发现许多新的选择。每次做了选择后，生命会为你展开下一个实相让你体验。这样一步一步地体验每一个当下，不是很轻松吗？至于结果是什么倒无所谓，结果是你的生命安排好并投射给你的实相。其实，人生应该是轻松喜悦的状态。你在每一个当下都不需要纠结某个想法到底是来自头脑还是内心，这并不重要。实际上，如果你能时时带着觉知，观照脑中的念头，就可以过滤掉很多无用的念头。对于那些没有被过滤掉且使你冲动地去做的念头，不妨通过做去验证它。只有通过行动，你才能得到答案。

举个简单的例子，便于你理解：当你想买一样东西时，其实根本无须去分析这个想法是来自头脑还是内心，因为你用来分析这一切的工具还是头脑。用头脑去分析内心，这是不同的维度；用头脑去分析头脑，没有任何意义。这时候你需要看当下的实相是否支持这个想法，比如你有足够的钱，你就去买，去行动，看看下一个实相。如果你顺利买到了，那就是生命安排好的体验，就连那个东西也是生命投射给你，才让你得以看到并拥有的。如果这个东西不属于你当下生命规划中的一部分，或者它会影响你后面的剧情，那么即使钱够了，你也买不到——例如，出现商品停产、缺货等剧情。所有的纠结都是在头脑层面产生的。你的头脑会担心买了这个东西影响这个月的生活，正好遇到需要花钱的事情该怎么办。然而，从生命的角度看，如果你注定要经历饿肚子或者生活拮据，那完全是生命安排好的体验，与买不买这个东西无关。只是你的头脑会觉得如果没有把钱花在买这个东西上，现在就不会拮据。这不过是头脑的妄想而已！

  头脑惯用的句型就是：如果……将会……

  生命却是一帧不差。

探索当下的真谛

到底什么才是真正的当下呢？接下来如果你能理解到这一层面，那么对你而言就是巨大的突破。如果不能理解到这一层面，结果则完全相反，你可能会迷失。如果你属于后者，那么暂时放下也无妨。不要试图用头脑钻研和理解，否则只会使自己陷入头脑设的陷阱无法自拔。

我几乎在每一章节的文字中都强调"活在当下"。其实，不仅是我的文字，几乎所有类似的文字都在讲"活在当下"。然而，几乎所有人跟你谈论的"当下"其实都不是真正的当下。

如果一定要用有限的语言谈论真正的当下，那么，我想说"当下"其实有两个。然而，我也知道大多数人其实连第一个"当下"都无法正确理解和感受，理解和感受第二个"当下"，也就是我所说的真正的当下，就更无从谈起了。

第一个"当下"是大多数人头脑可以理解的，我称它为"时空中的当下"，即此时此刻正在发生、经历、感受到的当下实相。为什么我称它为时空中的当下而不是真正的当下呢？因为这个"当下"等于"现在、这里",它包含时间与空间。它不是过去,也不是未来,它是此时此刻,属于时间范畴;它不是那里,而是这里、此地,属于空间范畴。

这个"当下"几乎就是人们认为的真正的当下。我在上一节"到底什么是当下实相"中,对时空中的当下做了最精准的描述。我一直强调要锚定当下实相,也就是时刻保持觉知,活在此时此地正在发生的事物中。上一个场景,哪怕是几分钟前发生的,都已经不属于当下,那仅仅是头脑的记忆,你无须再锚定。能做到这一步的人,算是已经摸到"当下"的大门了,但这还不是真正的当下。要体验到真正的当下,就必须先经由这个时空中的当下与生命接轨。

第二个"当下"属于"无时空当下",也就是生命轨道,这才是真正的当下。其实佛陀说的"活在当下"就是第二个"当下",它是真正的当下。对于真正的当下,我觉得很难用语言描述,因为真的是完全不同的两个轨道的东西,我也从未见过有人去描述它。

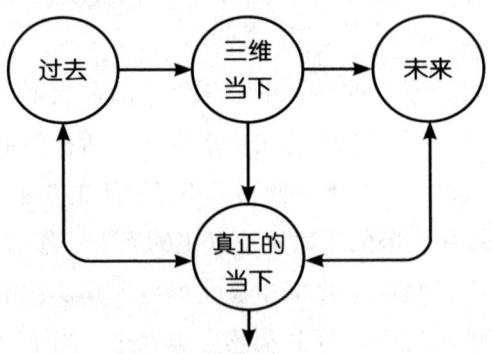

在上面的图中,我用了三个圆圈,分别表示时空范围内的"过去""三维当下"和"未来"。我们以前谈论的所有"当下",其实就是这个"当下"。虽然它不是真正的当下,却是通往真正的当下的门户。下方那个"真正的当下"属于生命轨道，你会发现生命轨道因为无时空，所以都是当下。

这个"当下"才是真正的当下。最终，你需要通过上面那个时空中的当下进入下面那个生命轨道的当下。一旦你进入了生命轨道，你所体验到的当下就不再是时空中的当下。当你进入真正的当下时，你会发现与时空中的当下的感知完全相反。

在时空中进入当下，更像是需要不断地缩小你的感知，把自己所有的意识一点一点地从过去和未来收回到当下这一点上来。这很像是一个从大范围逐渐缩小到一个更具体、更小的点。而一旦你能锚定时空中的当下这一点，你就有机会从这个"当下"直接接轨生命中的那个真正的当下。当你经过时空中的当下进入生命轨道的当下时，你的觉知会突然从一个点变成全部，感知被完全放大。因为生命轨道中的那个真正的当下属于无时空状态，那个当下其实并不再是一个点，而是全部。真正的当下包含过去、现在和未来。也就是说，真正的当下其实等于一切。

我在图中所表示的生命轨道中的当下，并不与上面的时空轨道平行。下面的生命轨道更像一个大大的圆，包裹着所有的过去和未来，同时发生着。如果你活在真正的当下，就是在无时空状态，过去和未来同时发生着，所以在那个当下你不会错过什么，你也会知道一切。

指引心灵的路标

我称为路标的，可以是任何人和事物：某个人、某本书、某件事、某种现象等。这些路标都是那个真正的你，即我称为生命的存在，在无时空状态下创造出来的、用以提醒你的指引。

当然，很多时候你的头脑会一次次地过滤和曲解这些路标的真正意义。但是，生命永远会一遍又一遍地给你提示。

明白了路标是什么，以及它们出现的形式之后，我们应该更清楚地知道路标的作用。它们的作用无非是让你醒过来。实际上，当你真正醒过来时，你会感动得流泪，因为一花一草一世界，皆有其深意。

生命给你的路标无处不在，只是被你过滤掉了，或者你对它视而不见。从微观的量子世界到宏观的宇宙，你稍作了解就会发现，整个宇宙和一个细胞的结构是一样的，从一片树叶中可以看到整个宇宙。答案就在每一个当下中，它等待你去发现。

我所有的文字都在教你醒过来，看看自己创造的这个世界。然而，很多人每天都在不同的梦里询问真假，好奇别人梦中的事是真还是假。对此，我真是哭笑不得。梦里的一切，对于梦里的你来说都是真的，别人梦里的一切对于他来说也是真的。但是你醒过来后就会知道，这都是梦。讨论其真假有什么意义呢？站在真实的维度俯瞰，这些不过是不同层面的梦境幻象泡泡而已。你要谈论真假对错，就必须先进入那层梦境里，扮演其中的一个角色，然后从这个角色的视角看过去，才能发现真假对错。你若醒来，这些讨论还有什么意义呢？也有人反复问我，他们该如何改变现在的遭遇，以便让自己所扮演的这个角色过上想要的生活。对不起，这个答案我无法给你。我是让你醒过来，看清这一切。智慧会给你答案，而不是由我告诉你如何解决梦里的问题。换句话说，你现在认为的问题，都是梦里的问题，你醒来后自然就知道怎么解决了。

举个例子：昨晚你做了一个梦，梦里你是一个商人，经历了被骗破产，伤心欲绝。梦里你还有一个家庭，但家庭破裂，亲人身患重病，你感到很绝望。现在你醒了，你会怎么做？你最多知道自己昨晚做了一个可怕的梦。你会到处找人帮你解决梦里的问题吗？你会去报复梦里伤害过你的人吗？你会找人救治梦里的亲人吗？你会试图让梦里破碎的家庭重归于好吗？当然不会，因为你已经醒了，知道那只是一场梦，你最多也只是允许梦里的事情如其所是地发生。

如果你真的去想各种办法向外求，妄想解决梦里的问题，那只能证明你还没醒，只是在做梦中梦。希望这样说你能理解。真相与头脑无关，也绝不在头脑可以理解的范围内，但很遗憾，你的头脑总是想要尝试理解它。

我是那个要把你叫醒的人，醒了以后你什么都知道了，什么都能解决了。不要在梦里向外求，那样做就像在《盗梦空间》中一样，你只是在做梦中梦，一层又一层，最后会迷失在其中。

生命的真相

　　这幅图展示了"路标"作为生命指引的概念。画面中，一个人站在十字路口，周围环绕着各种象征性物体，如书籍、人和事件，每一个物体都代表不同的路标。上方的光源或天体象征"真正的自我"或"生命的力量"，这些指引都是由它创造出来的。背景从梦幻般的景象逐渐过渡到清晰、明亮的环境，象征从困惑和梦境中觉醒与清晰。在梦幻的部分，碎片化的幻象代表问题和不确定性；在清晰的部分，一个人带着开悟的表情看向天体，象征觉醒和对生命本质的理解。

梦境如烟：虚实难辨

判断自己是否已经醒来

梦有很多层，千千万万，但是只要你醒了，就只有那个清醒的状态。就像你昨晚无论做了多少个梦，一旦醒了后，就不可能再把这些梦当真，对吗？

到底有没有外星人存在？地球是否被更高级的黑暗势力控制着？

这些只是你目前正在做的一个被迫害的梦而已。梦里被迫害的人以及你口中的黑暗势力，同样是你自己。对于梦里的你来说，一切都显得真实，但是，当你早上醒来并起床后，便离开了昨晚那个梦的维度。于是，昨晚那个梦对于今天已经醒来的你而言，就不复存在了。

如果你已经醒来，自然会知道梦中的一切都不是真的，里面所有的角色其实都是你自己。如果没有醒来，那么对于梦中的你来说，一切都是真实的。你的梦对于他而言不是真的，他的梦对于你来说也不是真的。你们各自做着自己的梦，互不干扰。

很多沉迷于研究外星人和其他高维空间是否存在的人，有几个人是真正在他们生活的实相里接触过这些呢？有几个人登上过飞船并与外星人产生了互动？恐怕真没几个人吧。甚至连梦都算不上，仅仅是在梦中听到别人的梦而已。这一切真的与你无关。你自己还没有从梦里醒过来，却要操心别人梦里的事情，还去分析到底谁的梦是真的。你们还会为此争论不休，因为你们做了不同的梦，他觉得他的是真的，你觉得你的才是真的。或者你想搞清楚他的梦是不是真的。醒过来吧，醒了你就会知道一切。

其实，生活真的很简单，就是让你活在每一个当下，不做任何二元对立分析地去体验。只有在当下那一刻的体验，才是真实的体验，也只有对当下的体验，才是与自己合一的体验。去做吧，认真地生活，不要总是在这里分析梦，否则你会越陷越深。

虽然物质世界也是你做的一个梦，但这个梦是离真正的你最近的，而且门户就在当下。你只能通过这个当下醒过来。所以，我一直强调不要逃避当下，要积极地投入每一个当下，不要用头脑否定它。抓住每一个当下的实相，而不是跟随头脑妄想过去和未来。不要总是关心别人梦中的内容，那真的与你无关。你反而会因此错过自己的当下。很多人天天看互联网上的新闻，看得情绪激动，但这真的与你无关，那是别人在描述他的梦而已。只要别人的梦没有成为你当下的实相，它就没有在你的世界中存在过。

第二章　探寻内在世界的真相

梦境的深处是无数个幻象泡泡
每一个幻象泡泡都是一个完整的幻象世界
你若走进去并沉迷其中
就会离源头越来越远
你只有不断地退出
才能记起自己是谁

你即答案

从梦里醒来后，你会发现所有的答案都在自己身上；而在梦里沉睡时，所有的问题和疑惑都层出不穷。你总是认为解决了一个问题后就懂了，实际上总是会有下一个问题等待着你。在梦里，问题是无止境的。很多读者在来信中都表现出这一点。有时候，我知道这些问题都是梦里的问题，但我还是尽可能地给予回复。回复之后，我常常会收到这样的答复："太感谢了，我已经明白了，再也不困惑了。我知道接下来就是去做。去体验每一个当下就好了。"然而，我知道这仅仅是你的头脑暂时给予你的回复。果然，不久之后，他们又回来提出新的疑问，仿佛在无限循环中。

你只需要醒过来，跳出头脑这个系统，就会知道一切，并且能够看到梦里的那些问题有多可笑。

写到这里，我想举一个贴切的例子。这就像你被蒙上眼睛关在一个房子里，我无法进入你的房子，但我可以与你进行语言交流。我用各种语言告诉你，只要你摘下眼罩，就可以看清房子里的每一件物品以及门所在的方向。你想继续在房子里探索还是打开房门走出去都可以。我告诉你，你仅仅摘下眼罩就什么都知道了。如何摘下眼罩的动作我也告诉你了。但你却一直不肯这么做，每天都焦急地问我："我现在感受到自己旁边有个东西，请问它是什么，有没有危险？我要往左走还是往右走？我好想出去啊！我应该怎么做呢？"而我还是告诉你："摘下眼罩就好了。"你却不断地问："房子里都有什么呢？我刚刚怎么摔了一跤呢？"这个类比你能理解吗？

  你的房子我进不去，如果我能告诉你关于你的房子里的一切，那答案也只是我根据自己的房子的状态来解释可能的答案，它不一定准确，有时甚至完全相反。你的房子和任何其他人的都不一样，是你自己困在了里面。我唯一可以做的是用语言交流的方式告诉你，摘下眼罩自己去看。很多人听不进去，于是你会听到其他人的声音，这些人同样进不去你的房子，但他们用语言告诉你，他们可以看到你的房子内的一切，并告诉你，如果按照他们告诉你的方向走，你一定可以得到自己想要的东西，他们可以帮助你解决一切问题，而你的头脑居然相信了。而且大部分建议都不是免费的。这很可笑吧？你会相信那些被困在自己房子里的人，用语言告诉你，他们可以看到你的房子内的一切，并能帮助你走出房子或得到任何你想要的东西。这不是很可笑吗？如果他们真的出来了，他们根本就不可能这么做，因为他们看到了全局。你的头脑不需要再问我为什么出来的人不会这么做，只有等你出来之后才会明白，目前你的头脑理解不了这个层面的事情。

生命的真相

你才是自己的救世主
你才是自己信仰的那个神
摘下眼罩吧

相由心生

对于"相由心生"这四个字,能真正理解的人少之又少。

第一种人的理解最肤浅。他们认为"相"指代外在形象,即人的相貌。因此,他们认为一个人外在的美丑取决于内在的美丑。

第二种人的理解最普遍。他们认为"相"指代外在的人和事物。他们通常认为,一个人外在的遭遇都是内在的正面和负面、美丽和丑陋、积极与消极能量引发的相应情节。这是一种难以被看破的扭曲认识。许多开始研究灵性的人,甚至长期修行的人,都会误以为这是正确的理解。实际上,这种理解把真相扭曲成了相反方向的东西,让你转来转去仍在头脑的二元对立中打转。此类理解被宣传后带偏了很多人,甚至衍生出一系列"修心"团体。因为他们认为,既然外在的事物都是由内在引发的,那么只要改善内在,就能获得更好的外在"相"(生活、剧情)。这完全是错的!

首先,根本没有所谓的"更好"。如果你用这种方式修心,试图得到自己想要的外在相,那只是妄想。引发你外在相的东西,并不是内心的好与不好、积极与消极、能量高与低,而是你内在生命的未完结、未接受、未臣服的那个能量结。你要如何改变它？你无法改变，只有允许、接受、臣服、面对，才能完结。完结后，此相即可消失。

其实，对这四个字的真正理解是：外在的任何相，都是内在那些未被接受、未臣服、未完结的能量结的相应投射。剧情会不断地变化，但万变不离其宗。内在的未完结根本谈不上正负对错、好坏美丑，仅仅是你自己的未完结，是你一再拒绝的体验而已。

《华严经》中说："一切唯心造。"这与"相由心生"的道理相通。佛教认为，外在世界的所有现象都是由内心的状态决定的。未解脱的心会不断地投射出各种苦恼的景象；只有当内心彻底觉悟时，外在的幻象才会消失。

这里所说的"未解脱的心"其实就是指未被你自己接纳的心。

在心理学中，荣格的"阴影理论"也提供了类似的见解。荣格认为，未被接受和整合的内在部分，会在外部世界投射为各种困扰和障碍。只有接纳和整合这些内在的"阴影"，我们才能实现真正的内在和谐与外在和平。

接纳与臣服的结果，是让你感受到解脱，越来越自由，而不是越来越受限。如果你搞不清楚自己的臣服和接纳是否用错了力，可以自我检测一下：你是从痛苦中解脱了，还是更痛苦了？或者你仅仅是换了一种方式痛苦？你的人生是越来越自在，还是越来越受限了？这些都可以用来判断你是否真正理解了"相由心生"。

放弃亦是选择：舍与得的智慧

这是一个非常容易被头脑曲解的话题，因为头脑习惯于二元对立。在谈论"放弃"时，头脑很可能会将其理解为在遇到困难时直接选择不去尝试。同时，这与头脑在物质世界受到的"绝不放弃""坚持到底"的教育矛盾，从而引发头脑的反抗。

这个话题对于心里有一定觉知的人来说，是岔路口的一个指示牌。到了这个层面，你基本上已经懂得体验当下实相的感受，并能在很大程度上判断是否到了可以放弃的时候。这种判断是很模糊的，也很少有人能直接告诉你。

我反复提到体验当下实相的重要性，但我仍然要强调，体验当下并不是说当下发生的事情这个表象有多重要。相反，当下发生的事情一点儿也不重要，重要的是这个表象背后的东西。就像你今天出门被汽车蹭到了，这个剧情不重要，重要的是发生这个剧情是为了让你体验什么。因为剧情的表象千变万化，为了让你体验那些总是让自己纠结、过不去的东西，生命会投射出完全不一样的人和事物的剧本给你。你一定不要以为那是不同的东西，要明白那些看似完全不同的人和事物其实都在反复让你体验同一个东西。只有这个东西才是最重要的，也只有这个东西引发了一系列人和事物的出现，只为了给你体验。只有不抗拒地去体验、接受、放下，才能消除这个"能量结"。

很可惜，人们往往太过关注表象而忽略了本质。你要关注当下的感受，而不是这个人和事物本身。很多人不仅没能真正体会到发生这一切的本质，反而还在表象里找原因，认为发生这一切都是因为别人不好，或者认为自己前一个抉择不对。所以你们看看，一些人连本质都没悟到，还能谈什么呢？

有的人总是对某一类东西有执念，比如情感、钱、别人对自己的看法、身体健康程度等。你会发现，生命会把各种不一样的人和事物的实相投射给你，让你去经历，其目的就是让你懂得放下执念。在这种情况下，只要你在某一个当下发自内心地接受、臣服，懂得放下执念，就会消除这个结。既然你已经放下了，接下来的生活中也就不会再反复出现由这个结引发的人和事物的表象。

生活中甚至会出现一种很有意思的现象：你一直以来对某件事、某个结果或某个人非常有执念，试图通过各种努力去达成愿望，经历各种痛苦、纠结、努力尝试，直到最后终于发现自己完全没有办法了。这时，你在经历痛苦的心理发泄之后，从内心说出那句话："去他的，我不要了，爱怎样就怎样，无所谓了。"然后，一切剧情就改变了。

这种情况属于一种发自内心的被动臣服、被动接受。虽然看似被动，但那一刻你获得的是真正发自内心地放弃抵抗、放下执念后的通畅。我还是建议大家最好能够有觉知，在每一个当下主动臣服，放下执念，毕竟被动臣服的代价太大了。

第二章 探寻内在世界的真相

实相仅仅是让你观察自己内心的一面镜子而已。但是很多人固执地认为，实相（当下发生的人和事物）才是导致自己痛苦的根源，如果没有这个人和事物出现，自己就不会痛苦。其实，这就是头脑的妄想。你在照镜子时发现镜子里的自己脸上有一块污渍，你是去擦脸还是去擦镜子，或者一生气直接把镜子砸了呢？擦镜子能让自己的脸干净吗？把镜子砸烂能让自己的脸干净吗？

我们不断地擦镜子

却从未想过

其实

镜子只不过是如实反映了

我们自己

独自成就世界：揭示自我创造的真相

对这句话，头脑其实是很难真正理解的。一生二，二生三，三生万物。反过来，万物最终又回到这个"一"。

万物根本不存在，或者说，万物都是由"一"（你）而生。万物不过是"一"（你）做的一场梦而已。用"梦"做类比是头脑最容易理解的方式。

回忆一下你在昨晚做的梦。梦境中是否出现了各种各样自己认识或不认识的人？你们展开了各种剧情。早上闹钟响了，你从梦中醒了过来。昨晚这场梦中的万物均由你（做梦者）所生发，与梦中的人无关。梦中的人的每一句台词都由你设置，而非他们。

你梦到自己与朋友或家人因为某件事发生了激烈的争吵。当你早上醒来把这件事告诉他们后，他们知道争吵的原因和对话的细节吗？你当然清楚他们并不知道。如果我问你，为什么他们不知道，他们不是跟你一起在你的梦里吗，这时你会不会觉得很好笑？

你之所以觉得好笑，是因为你已经从昨晚那场梦中醒了过来，所以你才如此确定。因为此时对于那个梦境中的万物来讲，你是那个"一";反之,如果你还没醒来,那么你就是梦中那个万物,万物是肯定无法理解这一切的。

正如著名的故事"庄周梦蝶",庄周梦见自己变成了蝴蝶,醒来后分不清到底是庄周在梦中变成了蝴蝶,还是蝴蝶在梦中变成了庄周。梦境与现实之间的界限在觉醒后变得清晰,但在梦中却难以辨别。

第三章

疗愈的本质

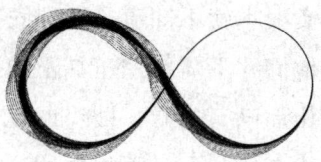

疗愈的真谛：内在修复与心灵重生

当今社会随处可见"疗愈"二字。在大多数时候，不管是疗愈者还是被疗愈者，其实根本就不知道自己到底在疗愈什么。疗愈者大多以赚钱为目的，他们并不需要知道真正的疗愈是什么，只是在追求生意的利益最大化而已。通常，被疗愈者的头脑只考虑自己可以获得想要的东西，或者摆脱自己不想要的，而不会去了解什么才是真正的疗愈。

市面上随处可见的疗愈方式，从科学派系的心理疏导、潜意识疗愈，到灵性派系的正念疗愈，种类繁多，五花八门。以下是对目前主要疗愈种类的归纳总结。

1. 科学派系

心理疏导

心理疏导是指基于心理学理论，通过谈话和交流的方式，帮助个体理清内心的困惑和压力。心理咨询师通过倾听、分析和反馈，帮助个体找到问题的根源，并提供解决方案。这种方式常用于治疗抑郁症、焦虑症等心理疾病，属于传统医学的一部分。

真相

心理疏导虽然能提供心理支持，但许多问题并非通过谈话即可解决。心理疏导依赖于个体对自己内心问题的认知，但有时个体的困惑深埋于潜意识，单靠表面层次的对话难以触及根本。心理学家荣格说："对意识的强调常常忽略了无意识的力量，真正的疗愈需要整合无意识的内容。"

潜意识疗愈

潜意识疗愈是通过催眠、引导想象等技术，帮助个体进入潜意识层面，挖掘深层次的心理创伤和障碍。通过在潜意识层面重新编程，个体可以释放内心深处的情绪和信念，从而达到疗愈效果。这种方法通常用于治疗童年心理创伤、成瘾行为等。

真相

潜意识本身并不会直接引发痛苦，真正的痛苦来源于头脑。可以说，头脑几乎是一切痛苦的根源。正如佛陀所说，一切痛苦皆源于执着。消除痛苦的关键在于放下执着，而非在潜意识层面寻找答案。头脑的执着才是痛苦的主要来源，而潜意识的影响只是人生体验的一部分。只有放下执着，接纳和整合内在的部分，我们才能实现真正的解脱和内心的平静。

2. 灵性派系

能量疗愈

能量疗愈基于生命能量的概念，认为人体内外充满了能量场，调整和平衡这些能量场，就可以达到疗愈效果。常见的能量疗愈方式有做瑜伽、练气功等。这些方法通过特定的动作、呼吸或手势，引导和调节身体的能量流动，从而改善健康状况。

真相

从能量疗愈的本质描述和实施范围来看，能量疗愈本身基于无法被人类"五感"捕捉到的能量层面，对身体以及心理起到调节作用。它可以让整个身心的感受更好，但其作用仅限于此。简单来说，能量疗愈只作用于人体的感知层面。然而，现如今的能量疗愈常常被宣传为可以帮助实现愿望、改变人生的课程。这种宣传是非常荒唐的，因为能量无法直接作用于物质世界并使其产生改变。连你自己扮演的角色都是能量的一部分，而角色并不是能量的创造者。

这种误解在很大程度上源于对能量疗愈的过度神秘化和商业化。爱因斯坦的质能方程（$E=mc^2$）虽然揭示了能量和物质的关系，但并不意味着个人能量可以直接改变物质现实。能量疗愈更多的是通过调节人体内部的能量场，改善个人的感知和情绪状态，而不是改变外在的物质环境。

所以，能量疗愈在改善身心的感受方面确实有用，但它无法帮助我们实现改变物质世界的愿望。真正的疗愈需要我们认清自身的局限，理解能量疗愈的真实作用，而不是迷信其能够带来超自然的改变。

灵魂疗愈

灵魂疗愈关注的是个体的灵性成长和灵魂层面的创伤修复。它通常涉及灵魂回溯、前世疗愈、阿卡西记录解读等。它通过探索灵魂的经历和使命，帮助个体理解生命的意义，解开深层次的精神枷锁，从而使个体达到身心灵的全面疗愈。

真相

灵魂疗愈可能是整个灵性疗愈中最具争议和误导性的。它不仅无法真正疗愈你,甚至可能将你引入更深的迷惑中。我们每一个人所扮演的角色都有其灵魂,这也就是我称为"觉"的东西。角色就像你不断更换的衣服,而灵魂才是你的真正本质。

《大般涅槃经》中说:"一切众生悉有佛性。"这意味着每个人都具有内在的觉知能力,只有通过自我觉知才能找到真相。

科学家爱因斯坦也曾说:"真正的宗教体验是一种宇宙性的宗教感情,它超越了个体和理性的界限。"这说明,真正的灵性体验是超越个体意识的,只有通过内在的觉知和体验,才能触及灵魂的本质。

灵魂疗愈虽然听起来很诱人,也能让人产生猎奇心,但它只是相中相罢了。真正的疗愈在于你自己,只有你不断地保持内在觉知,才能找到真正的自我,解开深层次的精神枷锁。

内在小孩

许多人接触过所谓的疗愈,可能也听到过不少关于"疗愈内在小孩"的说法。我不确定那些提倡这一疗法的人是否真正理解内在小孩的本质、为什么需要被疗愈以及如何进行疗愈。但我可以告诉你,这不过是换了个名词,制造出一种新鲜感罢了。

内在小孩其实就是你的潜意识。那么,为什么它需要被疗愈呢?读过我的文章的人应该有所了解,潜意识储存了你自出生以来的所有信息,尤其是那些不被你的外在意识接纳的信息。潜意识在某种程度上像一个垃圾桶,它装载着你不愿提及的童年经历、伤痛和恐惧。你的头脑把所有自己不想要和逃避的东西都扔给了潜意识。因此,潜意识这个内在小孩被压得喘不过气来,才需要被疗愈。

疗愈潜意识只有两种方式。

1. 直接进入潜意识

例如通过催眠和冥想(自我催眠)。这些方法可以帮助我们接触到潜意识深处的内容，从而进行疗愈。分析心理学强调，通过梦境分析和主动想象，可以接触和整合潜意识深处的内容。潜意识包含了大量未被处理的情感和创伤，只有通过直接进入潜意识，才能真正解决这些问题。

2. 接纳与臣服每一个当下

因为潜意识会主导你体验的方向，所以，在每一个当下，潜意识都会逃避它不想触及的伤痛，让你的头脑做出相应的选择。这时，如果你能保持觉知，可向反方向选择，去直面它而不是逃避。万般皆苦，只因一念执着。通过放下执着，直面内心的伤痛，可以实现真正的疗愈。接纳与臣服的力量在于，它能够帮助我们打破头脑制造的痛苦循环。

过去留在潜意识里的伤痛会在当下实相再次来临时出现，如果你选择接受和臣服，不逃避，就在这个当下，你的内在小孩瞬间就会被疗愈。所有不被接纳和试图逃避的东西都会被生命一次次地用不同的实相在你生活中反映出来。你可能觉得每次出现的人和事物都不一样，但只要你保持觉知，就一定会看到，完全不同的人和事物其实仅仅是在向你展示同一个东西。有时甚至相同或类似的事情总是在你身上反复发生，而在别人身上却从未发生过。为什么你的生命会反复投射给你类似的剧情呢？因为你的生命已经在自动开始疗愈你的内在小孩了。

所以，就在这个当下，不再逃避，选择直面并接受它，不再把它丢给内在小孩。一旦接纳，痛苦就会在当下立刻解脱。

禅宗大师铃木俊隆曾说："你需要接受自己的生命，无论它带给你什么。"这强调了接受和面对当下的重要性。通过这种方式，我们可以实现真正的内在和谐与平静。

识破疗愈的陷阱：洞悉心灵修复的真相

为什么我不太提倡大家去参加各种疗愈呢？首先，这会导致你的心理落差非常大，根本问题并没有也不可能解决，你只是暂时被麻痹，或者进入"幻象里的幻象"。我称之为"梦中梦"，是你在头脑世界里为自己创造的未来美好的蓝图。当你回到现实，面对一地鸡毛时，你会更加崩溃。

你要明白，你的根基在这一层空间，即物质世界。你始终都要回到这里。

虽然这一层空间本质上也是相，但这是你创造的第一层梦。你就是从这里醒过来，在当下，而不是其他地方。你创造这一层梦来体验自己（对于这一点，头脑无法理解，我不再延伸）。你要知道，这是距离自己最近的一层梦，并且在这个有限空间中有一个门户，焦点对准那个拥有无限生命的你，这个焦点就在当下！当下！当下！它不在别的地方，你不要到处去找，你要好好体验当下，积极投入当下。

你无法逃避这个"我"，这个"我"就是你此刻扮演的角色，你要用它体验自己。不知道我这样讲,有多少人能明白。

你们去参加各种疗愈,包括心理咨询,可能会让自己在当时感觉好很多,甚至有的人感受到了喜悦,泪流满面。无非是那个当下的环境以及某些东西触发了你们,让你们短暂地放下头脑,回归内心而已。

这就像很多人禅定和冥想时会感到很舒服、喜悦一样。你想要暂时放下、回归本心的方法很多,比如冥想,也可以完全放空发呆。直白点说就是,你所有的痛苦都源自头脑层面,只要找到方法让头脑放空,或者用做其他事情取代头脑思考,都可以达到这个效果。

例如,你可以积极投入去做一件自己喜欢的事,做到忘我。

无论如何这仅仅是暂时的无我状态,你最终还是要回到这个"我"。只要你一天没有彻底觉醒,无法与这个"我"分开(觉知到这个角色不是你,你可以不再与他的情绪和故事捆绑),你就还是要与这个"我"捆绑。捆绑以后,这个角色目前面对的问题就是你的问题,他的焦虑就是你的焦虑。

既然你去参加心理疗愈和各种禅修班、静心班等举办的五花八门的活动,与自己在家放空、冥想、禅定、专注地做一件事效果相似,为什么我更建议你通过独处的方式而不是去参加灵性社团类活动呢?原因如下:

1. 涉及金钱交易且很容易让你的头脑产生不想接受的相的从业者,绝大部分都是骗子。剩下的从业者也许他们在内心深处认为这并不是骗术,但他们还是在幻象之内,又如何疗愈你呢?

2. 因为可以赚钱,所以各种人都会从事这个行业,毕竟不像售卖有形的物体,你可以货比三家,看市场价格后再决定。这些都是幻象中的幻象,是无形的东西,你无法通过价格高低看出质量优劣。

3. 即便你很有钱，不在乎花这些钱，你去参加那些活动之后难道就不再回到这个"我"了吗？所以，你在那里感受到的喜悦越激烈，回来面对物质世界的"我"时就会越崩溃。这就是心理落差，就像借酒消愁愁更愁一样。

4. 你若愿意花钱去那些地方外求，肯定是没醒来。一个没醒来的人很容易进入"梦中梦"，到时候这一层幻象不但没有被消除，反而陷入了更深的相，让你无法自拔。

第四章

显　化

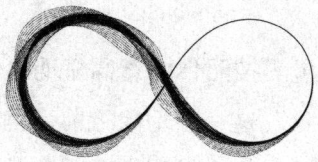

显化幻象

何为显化

显化是指让物质世界按照你的意愿显现出你需要的人和事物。

我们在讨论"显化"这一层幻象之前，首先要理解一点：当你从最高层面完全觉醒后，你会发现所有现象都是虚幻的。不同的圈子不过是不同的幻象，而每一个幻象都会发展出一套完整的规则和玩法，但其本质并无区别。

例如，有些人涉足因果轮回业力这个层面的幻象，研究其中的逻辑；有些人钻研星象和塔罗牌，进入后也发现其中有大量的书籍和知识体系；还有些人沉迷于显化和吸引力法则的幻象，情况也类似。如果你问这些现象是否真实，我只能说，从真相的视角来看，这些全是幻象。但如果你决定将无限的自己降维，进入任何一个幻象中，那么在那个幻象中，这些现象都是存在的。

第四章 显 化

显化的原理

量子力学揭示了意识和物质之间的微妙关系。量子纠缠和观测效应表明,观察者的意识会影响量子系统的状态。这一原理可以帮助解释显化过程中的意识力量。然而,量子力学也提醒我们,微观层面的现象并不能直接适用于宏观世界。

显化大师们的重要理论是:整个物质世界由能量组成,意识同样也是一种能量,所以意识可以影响你的物质世界。乍一听貌似有几分道理,但如果你能理解不同能量属于不同维度空间,这个理论还能成立吗?

显化的悖论

由于你当前体验的位置在物质世界这层幻象中,所以,即便你进入了其他幻象圈子,你的根基也在这里,而且最终会回到这里。我在其他幻象中的操作能否直接影响到物质世界的"我"?几乎不太可能。这就好比,无论昨晚你在梦中获得了多少财产,你都不可能改变当下自己的物质世界,因为它们处于不同的空间。

1. 不同维度的独立性:物质世界和其他幻象世界类似于不同维度的存在。物理学中的多重宇宙理论认为,不同的宇宙或维度之间是独立的,各自的法则和现象不会相互影响。同样地,你在不同幻象中的体验和操作无法直接影响物质世界的现实。

2. 梦境类比:在梦中,你可能经历了各种各样的情节,获得了巨大的财富或经历了重大的事件,但是,当你醒来后,梦中的这些经历对你的现实生活没有任何实质性影响。正如庄子在《齐物论》中所说:"庄周梦为蝴蝶,栩栩然蝴蝶也。"当庄周醒来后,他仍然是庄周,而不是蝴蝶。这种类比形象地说明了不同幻象之间的独立性。

3. 能量的运行原理：能量在不同世界的运行也遵循着不同的法则。物质世界的能量运行遵循物理定律，而其他幻象中的能量运行则可能遵循完全不同的规则。正如量子力学中所揭示的，微观世界的行为与宏观世界的行为有着本质的不同。

显化的悖论在于，你无法通过在其他幻象中的操作直接改变物质世界的现实。这一悖论提醒我们，尽管可以探索和体验不同的幻象，但最终仍需回归当下，扎根于物质世界的现实。理解和接受这一点，有助于我们在追求心灵成长和内在觉醒的过程中，保持平衡和清醒。

能量与振动频率

能量的运行方式叫作"振动频率"，只有同频的能量才会相互影响。所以，你的意识完全可以影响你的心情、感受，却无法直接影响物质。你几乎感受不到不同频率能量的存在。当能量振动频率相差极大时，它就完全超出了你的"五感"范围或你所处的空间。

例如，飞碟被认为能够调节自身的振动频率。如果频率高过物质层的范畴，它就会在你眼前消失。这并不是说它真的消失了，而是你的视觉无法捕捉到这么高的频率，也就是我们常说的隐身。

回到我们的主题。其实，每一个当下，生命都已安排好了一切体验，但我们的头脑总是试图控制和改变每一个当下，以符合头脑的喜好。觉醒的人能够做到不改变每一个当下，让其顺其自然，如其所是，允许一切发生。因为他们明白，在完全不抗拒当下时，生命给他们匹配的都是最好的。这种"最好"不一定是头脑认为的好，毕竟头脑只能捕捉到眼前的利益。头脑总是认为自己在做控制性选择，其实它已经绕远了。

吸引力法则就是用头脑意识去强制选择。头脑根本看不到全局,但生命什么都知道。正如老子在《道德经》中说:"无为而无不为。"真正的智慧在于顺其自然,顺应生命的安排,而不是用头脑去强行控制。显化的过程实际上是头脑试图掌控生命的结果,而非顺应自然的智慧。

显化的真相：根本不存在的规律

在当今社会，关于显化的各种理论说得头头是道，甚至还有各种讨论、分享成功显化的技巧以及显化失败的教训。人们总结经验，互相鼓励。看到这一幕，我不禁想到这种情景就像一群人集体被"洗脑"了一样。有的人说先这样做再那样做会更容易成功显化，有的人则说他的经验是先那样做再这样做会比较容易成功。我突然想起了著名的斯金纳鸽子实验。

心理学家 B. F. 斯金纳曾经做过一个经典实验。他在一个笼子里喂养了 8 只鸽子，为了增强它们寻找食物的动机，在测试前连续几天让鸽子处于饥饿状态，然后在笼子中用食物分发器喂养。分发器被设置为每隔 5 分钟分发一次食物。也就是说，无论鸽子做什么，每隔 5 分钟就会得到一份奖励。实验结果出人意料，8 只鸽子中的 6 只表现出非常明显的反应：一只鸽子不断地在笼子里转圈；另一只反复将头撞向笼子的一个角落；第三只显现出一种上举反应，似乎把头放在一根看不见的杆子下面并反复抬起；两只鸽子的头和身体做出一种摇摆的动作；还有一只鸽子形成了不完整的啄击或轻触条件反射。鸽子似乎认为，只要它们重复某个动作，就能得到食物。

这不禁让人联想到那些痴迷于显化以及其他幻象的人，他们渴望得到某些东西的样子，像不像这些鸽子？为了寻找成功显化的规律，他们甚至创造了各种理论。一旦成功了几次，他们得到了奖励，就会更加坚信理论的正确性。但问题是，他们不可能每次都能得到奖励，这也是那些痴迷于显化的人绝对不可能每一次都成功的原因。一旦失败，他们就会继续寻找规律。然而，哪里有规律呢？这个实验揭示了动物和人类行为中对奖励的条件反射机制。这表明，人们在寻找成功显化的规律时，其实是在寻找一种心理安慰，而非实际规律。

显化的真相在于，它并没有什么规律可循。那些尝试显化的人，就像斯金纳做的实验中的鸽子，误以为自己的行为能影响结果。这些鸽子能不能吃到食物，与它们表演的方式以及内心的渴望程度毫无关系，完全取决于投食者当下有没有投食。

然而，真正的智慧在于放下执念，接受每一个当下的安排，理解生命的本质和安排。毕竟，能看到全部剧本的是生命本身，而不是我们的头脑。

显化与物质能量的关系

显化的实操练习本质上依赖于"想",即"意识"。无论是通过什么方式和态度去想,是肯定式语句地想还是视觉化地想,各种显化方法都是琳琅满目。然而,这些显化方法的核心问题在于将注意力过度集中在"想"上,而不是"做"上。

一些显化的信仰者会说:"想很重要啊,你要是不想着让自己的手抬起来,你的手怎么会抬起来呢?你需要先有这个想法,不是吗?"

是的,想是前提。你不想工作,也就不可能去找工作,这个道理大家都明白。但问题是,显化方法的重点不在于行动,而在于集中意念的各种技巧。想是前提,或者说仅仅是你的目标。你知道自己需要什么之后,这个"想"就可以退出了,剩下的应该是行动。如果你还在继续想,那就显得可笑了。

我们来看看那些写显化的书籍和卖显化课程的"老师"。他们获取钱财的方式是通过"想"还是"做"呢?他们赚钱的方式是通过直接行动。他们每天拍视频、卖课程,这些都是在做,而不是躺在床上用意念赚钱。那么，为什么要教你们把 90% 甚至 100% 的努力都用在意念上呢？人的惰性是天生的。所以，显化这种可以不费力气，仅仅靠想就能得到的方式，迎合了人类的这种惰性心理。

只有通过实际行动去实现目标，才能真正达到显化的效果。那些卖显化课程的人，是通过自己的实际行动来赚钱，而不是仅仅依靠意念，这也揭示了显化的本质。

物质能量与意识能量的区别

物质世界的确是由能量组成的，一切物质皆为能量，这一点无可厚非。你的念头或者说意识也是一种能量，这也绝对没错。但需要明确的是，虽然都是能量，但这两种能量有明显的区别。

最明显的是，能量的运行速度不同。意识的运行速度非常快，因此无法被肉眼看到。而你家的桌子、房子、汽车等能被肉眼看到的物体，它们的能量运行速度非常慢。正因为如此，它们可以被你的"五感"体验到，并且具有稳定性，不会突然消失。

显化的实际操作

再回到显化这个话题。假如你想要一张桌子，在你想要的那一瞬间，你在意识世界里其实已经得到它了。然而，问题在于，你不满足于仅仅在意识世界里得到它，你希望在物质世界也能拥有它。在物质世界里，能量的运行速度较慢，不像在意识世界里那样瞬间实现。因此，在物质世界里，你只能通过实际行动去获得。

行动的重要性

你需要动手制作，或者请别人帮你制作后，再由你去购买。无论是购买还是自己动手制作，都体现了"行动"的重要性。光靠想象只能在意念中拥有，而无法在物质世界中实现。

正因为在物质世界里，能量的运行速度较慢，它才可能相对稳定。比如你买了一辆汽车或一栋房子，只要不主动损坏或卖掉，它们就不会随时消失。这种稳定性是行动带来的。如果是意识世界创造的东西，可能这一秒还在，下一秒就消失了。在意识世界中，创造某种东西的速度很快，但其消失的速度也很快，因为其能量运行快，所以不稳定。

分清不同的世界

不应该把两个完全不同的世界混淆。你的意念存在于意识世界，你可以在意念中天马行空地创建任何东西。但如果你想在物质世界中呈现这些东西，就必须通过行动，用物质来创造物质，而不是用意念来创造物质。

设计师通常会先在意念中创建一个作品的模型，比如一把椅子。意识世界无成本，易修改。创建好之后，若想在物质世界中将其呈现出来，就必须找材料动手制作。如果继续坐在那里集中意念想象，可能终其一生也看不到这把椅子在物质世界中出现。

实践与放下

放下你的惰性，去争取自己想要的东西，去做。如果努力做了也得不到，那就轻轻放下，这意味着生命没有给你安排这种体验。继续前行，无须思考为什么没有得到。

真正的显化

所谓用意念去显化物质世界，其实就是妄想。这一点我在前文中已从能量运行速度、生命地图设置、实际举例以及斯金纳做的实验等多个方面进行了详尽的分析。如果仔细阅读过这些内容，应该对显化这个问题有非常清晰的认识。

问：显化到底存在吗？

答：当然存在，只不过它是通过行动获得实相，而不是通过意念获得。

显化确实存在，但它的实现方式并不是通过简单的意念，而是通过实际行动。行动后得到的实相是生命地图上早已安排好的结果，并且这些结果基于特定的时间和空间点。如果在你的生命地图上没有该实相，你再怎么行动和努力也无法将其显化。所以，行动是一切。只有通过行动，才能知道是否在你的生命地图上安放了这个实相。如果行动后依然没有得到，那就轻轻放下。

行动与实相

物质世界的显化是通过行动来实现的,而不是通过想象和意念。换句话说,即使你在内心深处觉得自己不配得到、不可能得到,只要你在为得到那个实相而行动,这一点都不妨碍你最终得到它。所以,物质世界真正的显化在于与目标之间建立的行动力,而绝非意念和想象。所谓行动,一定是与你的目标一致的有效行动,比如你想得到树上的苹果,你的行动一定是去爬树或者用杆子把苹果打下来。如果我告诉你,你想得到苹果的行动就是不断地告诉自己可以得到,让自己每天在本子上写下"我可以得到"并且大声念出来,或者去布施、念经、放生、积攒功德,然后就等着苹果自动掉下来并且出现在家里,你会觉得很可笑。实际上,太多痴迷于显化的人很多时候就是在做这些不相干的事情。虽然这些也算是行动,但这种行动本身跟你想得到苹果毫无关系。你想吃个煎蛋或烤面包的显化行动应该是动手去做或出门去买。当然,你还可以叫别人帮你买,但是你不可能反复告诉自己你配得到,围着房子转圈或跳舞,或者做各种祈祷仪式,并且去想象自己已经拥有它,然后指望它会直接出现。

显化的本质在于行动,而不是单纯地靠意念和想象。即使你心中充满疑虑,只要自己在为目标而努力行动,最终还是有可能实现它。这和头脑中存在的信念和感觉无关。那些教显化的"老师"虽然不会否认行动的重要性,但常常会强调意念的力量,这是一种误导。

小故事:西红柿的显化

生命创造了一片无边无际的农田,你是在这片农田中探索的小人儿。你想要得到西红柿，这时你不应该坐在那里靠意念将其显化，而是拓展地图，寻找农田里的西红柿。通过行动，你最终会在某个位置找到西红柿。这时可以说你显化了西红柿，但它不是你种植的，只不过是生命早已为你准备好的。如果你的农田里根本没有西红柿，无论你再怎么努力探索，也无法得到。但是，你却会得到其他更多的东西，那些都是生命已经为你安排好的礼物。

动生变化，静生智慧

动生变化

问：何为显化？

答：简单来说，显化就是你将目前没有但渴望得到的事物，在三维世界中创造出来。

问：显化存在吗？

答：当然存在。

问：显化的正确方法是什么？如何才能达成？

答：唯有通过"做"与"行动"才能达成，绝不可能仅靠想。

问：是不是只要去做，就一定可以达成？

答：并不是。"做"只是达成的前提，能否达成取决于你的生命地图是否安排了这个事物。如果生命地图中有安排，你通过做可以达成；如果没有安排，不论你如何做，都无法达成。但是通过行动你却能得到高于你头脑想要的东西。

问：既然都是生命地图安排好的，有则有，无则无，那为什么

还要去"做"与"行动"？直接"躺平"不就好了吗?

答：你的生命给予你一张有无限可能的地图，这张地图的每个位置早已注定。然而，作为"小人儿"的你需要前往那些地方打开地图。因此，只有你"做"与"行动"，才能在有限的生命中揭开更多的板块，发现生命为你准备的更多礼物。地图上每个位置的东西早已注定，你的生命地图中没有的东西，你走遍整张地图也不可能得到。然而，如果你不去探索，又如何知道生命为你准备了哪些体验呢？当你这一生结束时，你会发现原本可以得到的很多东西并未在三维世界中显现，不是生命地图未安排，而是你自己没有去探寻。这个问题其实并不难理解，很多人只是被懒惰和投机取巧的心理迷惑，不愿相信真相而已。

物质世界中的能量非常稳定，唯一能改变它的方式是行动。思想和意念的能量的运行速度更快，无法被肉眼看见。如果你不行动，只靠专注地想，你得到的东西只能存在于意念中。若想在物质层面实现，就必须行动。

你坐在沙发上用意念设计了一栋房子，只要有足够的想象力，你就已经得到这栋房子了，只不过它存在于意识世界。如若想在物质世界中也得到它，你就需要通过行动，用物质能量去创造出来。在物质世界中，想要得到任何东西，都必须通过"做"和"行动"创造或显化。仅靠想，这些东西永远只存在于你的意念中。

静生智慧

在探讨了"动生变化"的重要性之后，我们来看看"静生智慧"的意义。"动"与"静"是生活中不可分割的两面，就如同阴阳相辅相成。通过"静"，我们不仅能获得内心的平静，还能积累智慧，从而更好地应对生活中的变化。

所谓"静",并不是身体的静止,而是头脑的宁静。当你的思绪平静下来后,再去观察自己的头脑,这一步也被称为"观"。"观"顾名思义就是观察,也就是观察自己头脑中的各种念头,不进行任何干预或控制。这正是禅定和冥想的核心。

当你观察头脑中那无数个念头时,不要采取任何行动,也不要跟随,这就是"静"。随着你逐渐深入这种观察,你会发现头脑并不是真正的你,那个在观察的觉知才是真正的你。你开始用第三视角立体地观察自己的头脑,就像地图被逐步放大,让你得以看清楚全貌。此时,你的身份从被思绪淹没的状态转变为清明的"觉知"。否则,究竟是谁在"观"呢?

"静"与"动"的平衡

"动"与"静"看似对立,实则互补。"动生变化",带来新的机会和挑战;"静生智慧",提供应对变化的力量和智慧。"动"与"静"的结合,就像船只在大海上航行,"动"是划动船桨的力量,"静"是船身的稳定和平衡。只有将"动"与"静"结合,我们才能在波涛汹涌的生活中稳健前行。

在这个快速变化的时代,显化不仅仅是一种理念,更是一种生活态度。通过"做"和"行动",我们在物质世界中创造自己想要的现实;通过"静",我们积累内在的力量和智慧,保持内心的平衡与安宁。若能将"动"与"静"结合,我们便不仅能应对生活中的各种挑战,还能不断地提升自我,实现更高的人生目标。希望读到这里的你可以更好地理解显化的真谛,并在实践中获得更多的成就与满足。

能量与你

1. 能量是什么？

能量其实就是组成和支撑物质世界实相的"原始代码"。在物质世界中，你所看到的一切都是由能量构成的。换句话说，你在这个物质世界中通过"五感"捕捉到的信息，其实都是一堆能量的组合。然而，能量依然属于这个世界的产物，而非生命本身。也就是说，它不属于生命轨迹。能量是肉眼无法捕捉到但确实存在的一种物质。既然是物质，它便还是一种"相"，但这种相有其特殊性。

据爱因斯坦的质能方程 $E=mc^2$，能量和质量是等价的，物质可以被看作是高度凝聚的能量。物质世界的一切现象，本质上都是能量的表现和转换。

量子力学：在微观世界中，物质被认为是由基本粒子组成的，而这些基本粒子以宇宙中能量的形式存在。例如，电子、质子和中子都是通过能量场的激发而产生的。

场论：现代物理学中的场论认为，宇宙中的所有物质和力都可以用场来描述。这些场本质上是能量的分布,例如电磁场、引力场等。

2. 能量是什么状态?

能量呈现波状和螺旋叠加状态。

波状

- **波粒二象性**:在量子力学中,粒子(如电子和光子等)表现出波粒二象性,既有粒子性质,也有波动性质。这种波动性质可以通过如双缝实验等现象观察到,粒子在运动中形成干涉图样,显示出波动的特性。
- **电磁波**:电磁波(如光、无线电波等)本质上是电场和磁场的相互作用,以波的形式在空间传播。这些波可以用波动方程描述,具有波峰和波谷起伏的特征。

螺旋状

- **螺旋星系**:在天文学中,许多星系呈现螺旋状态,如我们所处的银河系。这种螺旋结构是引力作用和旋转运动的结果。
- **DNA 双螺旋结构**:在生物学中,DNA 分子呈现双螺旋结构,这是遗传信息的载体,其螺旋状态具有高度的稳定性和功能性。
- **涡流现象**:在流体力学中,水流或空气流在特定条件下会形成涡流,呈现螺旋状运动,例如龙卷风、漩涡等。

通过对能量的这些基础了解,我们可以更好地理解物质世界的运行原理以及我们与能量之间的关系。能量的波状和螺旋状状态揭示了其复杂而有序的本质,不仅体现了自然界的规律,也为我们探索更多的未知领域提供了思路。

第四章 显 化

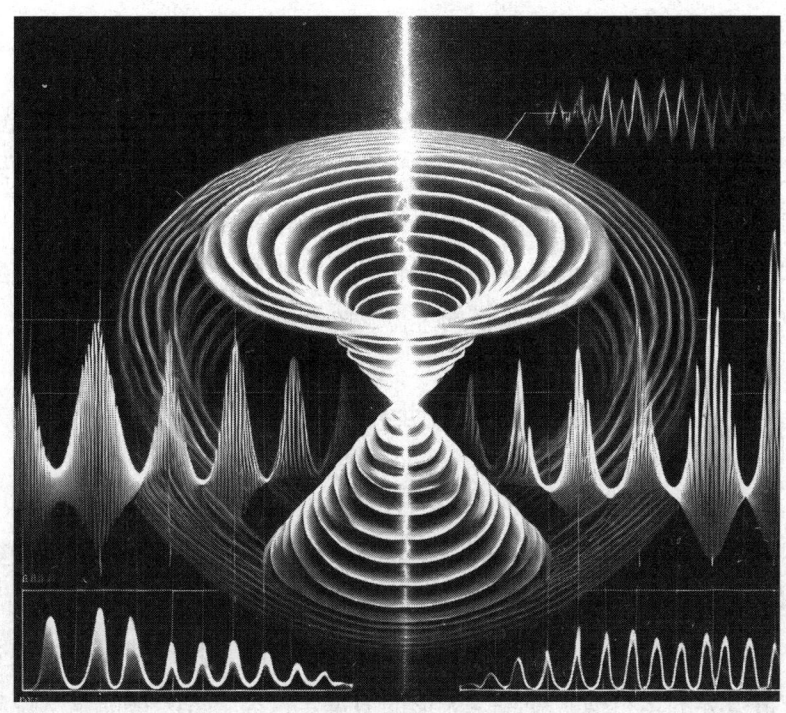

能量有规律吗？

能量确实是有规律的。无论是波状能量还是螺旋状能量，都遵循特定的模式。

波状能量：波状能量呈现上下起伏的规律，就像心电图一样。在最高点时，能量开始下降；在最低点时，能量开始上升。这种波动可以是急剧的，也可以是缓慢的，但始终遵循这样的循环原则，不会一直上升或永久触底。

螺旋状能量：螺旋状能量则表现为螺旋式上升。这是因为螺旋状能量本质上是波状能量的聚合。换句话说，能量在上下起伏的状态中，不断地完成螺旋式上升的过程。

能量可以被操控吗？

能量是不可被操控的，因此，那些试图通过各种方法来操控能量的人需要认清现实。社会上有许多能量学派，声称能够通过特定的方法操控能量。人们几乎可以靠想象和故事给各种物质和非物质赋予神秘的能量概念。这些方法包括使用水晶、石头、草药、塔罗牌等看得见的物质，以及借助方位、阵法等无形的手段。

哪些人容易迷失在能量世界中？

1. 在物质世界中求而不得的人：这些人由于无法在现实世界中实现自己的愿望，容易被能量学说所吸引，试图通过这些方法找到解决之道。

2. 有苏醒迹象的人：这些人在经历了一些事情后，开始意识到有形世界的运行似乎受控于无形的力量。这类人容易被能量学说吸引，认为能量是控制现实的关键。

这些人进入能量世界，只是从一个幻象泡泡进入了另一个幻想泡泡。无形世界的梦更难以觉醒，因为它涉及更抽象和更难以验证的概念。

总结

1. 能量的确存在：物质世界的一切都是由能量组成的，包括房子、汽车以及我们自己。

2. 能量有规律：能量在上下对称的跳跃中呈螺旋式上升，遵循一定的运行规则。

3. 能量不可被操控：能量具有对称性，即任何高点必然对应着低点，无法通过人为手段改变其本质规律。

第四章 显 化

理解能量的意义

在无形世界中，我们所说的"能量"，其实是通过"五感"投射到生活中每一个当下的体验。就像太极图中的阴阳两部分，你在物质世界中研究剧情与在无形世界中研究能量，本质上是在做同一件事：试图在梦中找答案，但答案根本不在梦中。

"能量"这一概念在得到现代物理学的证实后实现了广泛传播。实际上，这个概念与中国传统文化中的"运势"有相似之处。每个人的能量运行轨迹虽不同，但有共同点：到达高点必定开始下降；最高点对应最低点。

能量的运行规则，小到个人，大到社会，其实都是一样的。就像曼陀罗图案，当你无限放大某一部分时，看起来是直线的部分，实际上也呈波状，并且是在有规律地运行着。

其实，电视剧《天道》讲述的正是这种能量规律。一个能够悟透能量规律的人，他的生活会变得轻松自在。这种规律不以人的意志为转移，因此，觉悟者并非能够操控能量，而是懂得如何配合能量。

由于能量运行具有对称性，有的人一生整体看起来平淡无奇。虽然他们的能量也有高低起伏，但总体波动幅度不大。这种能量波投射到三维空间中，便成为这个人"五感"能体验到的人生剧本。虽然他也会在不同时间轴上经历起伏变化，但总体剧情是平淡的。这类人在世俗生活中往往被大多数人羡慕，因其一生安稳，未经历大风大浪。虽然他们未曾到达高峰，但也从未跌入低谷。

从波的角度来看，这种起伏不大的能量波在生命整体的螺旋状能量中最低，转速极慢。越往上旋转的能量，速度越快。这种上升的能量被称为高能量。这里的"高"不是指物理上的高矮，而是指能量运行速度的快慢。

能量运行与物质的关系

能量运行速度越快,越趋于精神化;能量运行速度越慢,越趋于物质化。比如你家的桌子、房子,它们的能量运行速度极慢,所以你会看到它们,虽然它们也会从新变旧再到报废,但这个过程非常缓慢且相对稳定。建造一栋房子可能需要一两年时间,制作一张桌子至少需要几天,而不是瞬间能完成。

思想则是一种高能量物质,由于其运行速度极快,所以用肉眼无法看到。思想可以随意变化和创造,比如你可以在思想中用一秒钟时间创造出自己想要的任何东西,这是瞬间发生的。由此可见,能量越高,越能摆脱时空的限制,高能量区域的创造速度也越快。

波动性大的人生体验

有些人一生的能量运行图呈现出较大的高低起伏,我们称其波动性大。这种波动性体现在不同时间轴上能量的高低位置以及起伏幅度等。这类人一生的剧情虽然也有平稳波动期,但比起那些平平淡淡度过一生的人,经历了更多的高峰与低谷。这些波段投射到三维空间中,会让这个人感受到强烈的对比。在某个时间段,他可能处于能量的高位,这段时间在三维剧情中被称为人生巅峰或大运年。而当能量开始下行时,他会体验到更多的人生低谷。这就是能量波的对称性。

理解能量运行的规律对于我们如何体验人生有着深远的意义。能量不可被操控,但我们可以选择如何与能量配合。在平稳的能量波中,我们能享受安定的人生;在波动较大的能量波中,我们能体验到更多的高峰和低谷。这些体验,无论好坏,都是我们人生旅程中的一部分。通过理解和配合能量,我们可以更好地应对生活中的变化与挑战，找到属于自己的平衡与自在。

许多人认为可以掌控并提升能量，但所谓的"提升能量"具体是指提升波状能量或螺旋状能量。

波状能量： 波状能量具有对称性，这种对称性是不可逆的，每一个点与其对称点一一对应，最高点对应最低点，就如同硬币的两面。你到达了最高点，就必然会体验最低点，有多高就有多低。这种能量反映的是你此生的剧本，是在你入梦之前选择的体验。在现实生活中，你所看到的一切都按照这个能量图在时间轴上依次展示出来。就像手影游戏，你想改变幕布上的成像，并不是在幕布上去做什么，而是要改变作为投影源的那只手。这只手在彼岸，你怎么能在幕布上提升或修改呢？

螺旋状能量： 螺旋状能量代表整个生命进化的进程。这是生命的能量，不可能被改变，也就不存在提升，因为每一个生命都是在一次又一次的体验中逐步盘旋上升。螺旋状能量是生命整体进化的过程，它不能被个人意志操控。

为什么追求提升能量？

从生命的角度看，波状能量的高低仅仅是不同的体验和感受，都是你"觉"或者你的"灵魂"获取经验值不可缺少的部分。生命的最终目的就是通过这些体验盘旋上升，回到原本的那个点。然而，头脑的二元对立系统偏好那些被认为是"好"的体验。当面对那些被头脑视为"不好"的体验时，人们常常会产生对抗的心理。

这种对抗会让你像逆行在滚筒洗衣机中的一滴水。无论你如何全力抵抗或与之配合，最终都必须跟随涡轮的旋转方向形成巨大的螺旋。你的对抗不会影响生命本身的体验和方向，但却会让你自己身心疲惫。这其实是你在与自己对抗，因为那个强大的螺旋生命能量本质上来自于你自己。

追求能量提升的人需要明白，能量的本质和运行规律是不可逆和不可操控的。波状能量高低起伏是必然对称的；螺旋状能量是生命整体进化的过程，不存在提升或改变。真正的智慧在于懂得配合能量，而不是试图控制它。

能量提升的本质及其不可逆性

你不可能也不需要进行所谓的能量提升行为。为什么不可能，上文已有解答。为什么不需要，我分两点解释。

1. 你此生的能量图是你自己精心挑选的，这个能量图最有利于你此生在生命螺旋式上升过程中的这一段旅程。如果你能认识自己，回到觉知的存在，其实你根本不想修改任何一段，因为这已经是最完美的安排。

2. 假设你在某一段低谷期提升了自己的能量高度，那么，你要记住，能量是对称的。也就是说，当你从当前的能量点提升到某个高度时，你将在时间轴对应的对称点上体验到相应的低谷。这种波状能量的对称性在社会上流传的各种道术中都有体现。没有一种获得不是通过另一种失去来达到能量平衡的。获得某种能量高度的同时，必定会形成相同高度的反向能量（低谷），这是你必须体验的。

真正的觉悟者会平等地对待每一种体验而不喜不悲，因为他们知道一体两面都会体验到。高点和低点都是生命的一部分，因此，他们内在觉知到的都是喜悦，什么体验都是好的。因此，提升能量又有什么意义呢？为什么不选择让一切如其所是，不加任何区分地体验，看看会发生什么？

能量波动的不可逆性与生活体验

谈到能量的本质以及能量不可逆的运行规律后，可能有人会觉得，难道人只能在波状能量的上下起伏中被抛向高点再跌落低谷，时而开心，时而陷入迷茫？

在日常生活中，我们看到的大多数人如果未能觉醒并持续在相（剧情）中保持觉知，都会随着能量波上蹿下跳；情绪完全取决于外界的剧情，开心和忧伤不断交替。有时候起伏不大，人们在习惯后会释然。但是，当起伏巨大、整个剧情发生重大转变时，人往往会被困在情绪中无法自拔。

脱离能量波动的方法

人可以不进入能量波中被不断抛起再坠落吗？当然可以！再看一下前文那张描述滚筒洗衣机的图，中心点就是你如如不动的心和觉知。在那里，再大的水流你都沾不到一滴。能量说到底还是一种相，是产生相的源代码。只要你不当真、不共振，你是你，它是它，你又怎么会如此被动地上下颠簸呢？如果想入世体验，那就臣服于能量的漩涡，顺势而为的体验轻松又自在，逆势而为则会身心俱疲且毫无用处；如果想做出世"观"，那就安住于当下，俯瞰全局。其实，一切都如此美好！

觉知的力量

当你突然遇到天降大财、顺风顺水时，要保持觉知，清楚这仅仅是个剧情，你作为一个演员，只是以当前的角色体验当下的"风光"，这与你毫无关系。若你当真了，你就进入了能量波，此刻的高点注定了低点是你必须体验的。当相同高度的反面剧情出现时，你往往会陷入抗拒与痛苦，这恰恰是因为你当真了、共振了。

要保持"观"的状态去体验不同的剧情，在每一个当下都保持觉知，永远知道你是谁。这样，剧情会随着能量波顺其自然地展开，而你所扮演的角色会投入每一个剧情去体验，角色会随着能量波上下起伏，但你的"心"和"觉"永远如如不动地站在中间。

这就像禅定中你看到头脑有无数个念头产生，这些念头犹如天空中飘浮的云朵，你仅仅是看着它们，允许它们出现，而不会被其中任何一片云朵带走。如果你被带走了，那么你就被卷入了能量波的跌宕起伏中而产生喜怒哀乐。

通过保持觉知、不被剧情裹挟，你将超越能量波动，实现真正的平静与智慧。正如老子所言："知者不言，言者不知。"觉知的力量在于体验而不执着，从而达到内在的真正平和。

金钱的本质

在物质世界中，金钱的本质是什么？这是许多人经常讨论却很少深入思考的一个问题。能量运行规律告诉我们，物质世界中的一切事物运行速度极慢。正是它的慢，使得我们能通过肉眼看到实物，通过"五感"体验到物质的存在。这种相对缓慢的运行速度，让物质显得坚固稳定，不会突然消失。

当我们在追求金钱时，我们究竟在追求什么？是那些实际的纸币吗？显然不是。在数字化时代，金钱更多以数字形式存在于银行和手机中。由此可见，钱并不是真正的物质，而我们在追求的也不是那一张张纸币和数字本身。它不像房子那样可以为我们遮风避雨，也不像汽车那样可以代步。就金钱这个东西而言，它一无是处。很显然，我们追求的是金钱背后的东西。

金钱的能量特性

金钱的能量运行速度快于一般物质，因此具有不稳定性，例如一夜暴富或一夜破产。它不受三维世界的时间限制，如同我们的意识，瞬间就能在头脑中出现。

在物质世界中，金钱象征自由和可能性。它能够让我们购买所需的物品，去想去的地方，做想做的事。更广泛地说，金钱是被社会认可的一种交换媒介，它承载着我们的价值判断、社会地位和个人成就感。

金钱本身并不具备实质性的价值，它的价值在于能够为我们带来其他的物质和体验。在追求金钱的过程中，我们需要意识到自己真正渴望得到什么。是安全感、成就感，还是自由自在的生活？这种觉知能够帮助我们在追求金钱的同时，不迷失在金钱带来的幻象中。

金钱的流动性与风险

由于金钱的能量运行速度快于一般物质，它的流动性和风险性也更高。这意味着金钱可以迅速被累积，也可以迅速消失。理解这一点，能够帮助我们在处理与金钱相关的问题时，保持一份清醒和冷静，不至于被一时的得失所左右。

物质与能量的关系

我们知道，时间与空间是一体的，没有时间就没有空间，物质也就不存在。那么，我们在追求什么？物质世界的金钱代表了一种自由：足够的金钱可以让我们自由地购买我们想要的大多数东西，去想去的地方，做想做的事。在当今社会，金钱甚至可以解决大部分烦恼。因此，追求金钱被视为解决生活中大部分问题的关键。

如果理解了上述道理，就不难看出金钱存在于物质世界但不属于物质世界。它不受物质世界中时间的限制，可以让人一夜暴富，也可以让人一夜倾家荡产。金钱仅仅是生命安排给我们的一个工具，用来驱动我们去体验生活中的每一个剧情。我们通过积极拓展生命地图，以为自己获得了金钱，但这与我们的行为并没有因果关系。

因此，无论我们选择什么工作或场景，只要我们正在体验，就会得到我们在当下需要的金钱。生命需要我们去体验每一个当下，金钱只是驱动我们去体验的一种力量罢了。

金钱是一种不受物质世界时空限制的工具，而生命可以在瞬间赋予我们大量财富。这是为什么呢？因为我们来到这个世界的目的是体验，把未完成的体验完成。如果我们拥有过多的金钱，可能只会选择头脑想要体验的事，而避开生命需要我们体验的部分。因此，生命不会给予我们过多的自由，而是通过金钱驱动我们去完成这些体验。

有人可能会问：那些超级富豪是否因为他们未完成的体验较少，所以拥有更多的自由？并非如此。每个人需要体验的内容不同，你无法知道别人正在体验什么。富豪的烦恼和普通人的不一样，但大家都有一个共同点：都需要体验和接受每一个当下的实相，将未完成的体验完成，最终实现自由。

因此，钱不是越多越好，而是在需要它时刚好就有。完全信任生命的人不会为未来担忧。即便银行中的存款再多，只要你在当下根本用不上，它就是一种幻象，根本不在这一层物质空间。头脑无法理解这一点，它认为，既然可以看到银行账户上的数字，那么这些数字就是实实在在存在于这层物质世界的东西。这就像前文所述，你能拥有的只有当下——当下"五感"能体验到的东西。即便你从厨房走到了客厅，此刻你家的厨房以及那些无法被你"五感"捕捉到的场景其实并不存在，它们在这个场域空间中是个"空"。只是你的头脑固执地认为那些东西依然存在，其实它们只存在于你的头脑中。

观察动物，它们除了冬眠前会储存食物，你见过哪些动物会像人类一样储备大量食物和金钱？人类因为无明，对未来缺乏安全感，才想要储备大量食物和金钱。但真正信任生命的人，知道自己会在需要的时候得到所需的一切，不会过分担忧未来。

最好的状态不是你认为自己会在未来有多少财富，而是当下就有；不是你看着银行中的存款余额有多少才安心，而是每次你需要时刚好就有。完全觉醒、知道自己真实身份的人，才能完全信任生命，因为他知道那个在无时空状态下写剧本的人是他自己。他有什么恐惧可言呢？

正如老子所言："知足者富。"理解金钱的本质，明白生命的安排，我们将不再盲目追求金钱，而是享受每一个当下的体验，达到真正的内在平和与自由。

第五章

超越头脑的限制

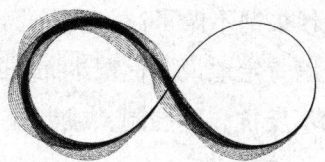

与头脑的对话

问：既然一切都是生命安排好的，所有结果都是确定的，那么，我是不是就可以什么都不做了？

答：首先，我可以肯定地说，你根本无法达到这样的境界，做不到在每一个当下都不反抗、不控制，或者什么都不做地"躺平"。这是一种悖论：能够做到在每一个当下不反抗、顺其自然地"躺平"，需要觉醒与对生命的完全信任。能够做到这些的人不会问这样的问题，而问这种问题的人根本就做不到觉醒和完全信任生命。你所说的"什么都不做"仅仅是指你的头脑不喜欢做某件事情或者懒惰。对于那些你想要或想避免的东西，你根本不可能做到不对抗、不控制。换句话说，你还是在有选择性地控制和"躺平"。若你真能做到无论头脑如何判断都不控制、不作为，那你已经觉醒了。

例如，当你出于好心扶起一位摔倒在马路上的老人，但包括老人自己在内的所有人都指责你撞倒了他，要求你赔偿并承担法律责任时，你能做到不解释、不反抗，完全接受生命的安排吗？当你被

第五章 超越头脑的限制

别人辱骂时，你能做到不反抗，甚至连一丝情绪波动都没有吗？当你经历财产损失或身体残疾时，你能马上接受吗？当你看到一个非常赚钱的机会时，你会什么都不做且视而不见吗？你可能比任何人都更积极。面对好与坏，你在自己的头脑层面做不到完全"躺平"。甚至在你出门买东西时，如果卖家多收了你的钱，你知道后肯定会去讨回。你不允许一切随心所欲地发生，总是希望一切按照自己的头脑希望的方式发生，所以你会控制。而当你的控制无法达到自己的目的时，你就会变得愤怒和抑郁。你怎么可能做到完全不反抗、不控制？

我们谈论的"无为"恰恰与之相反，是要你积极地投入当下，认真生活，有任何想法就立刻付诸行动，去尝试、去体验、去做，不要总是在头脑中思考太多而不行动。至于结果，你反而要持无所谓的态度。你的行动是没有目的的。也就是说，仅仅是因为想做而立刻去做，而不是为了某个结果，这就是无为而为。因为当你觉醒后，你会知道每一个当下的实相都是生命（那个真正的自己）安排好的结果，不会因你努力与否而改变。你去做任何想做的事情只是为了体验过程，只要是你可以选择去做的，都是生命允许范围内的体验。你只有通过做，才能知道这是不是生命给你安排的路线，不去做永远都不会知道。结果是注定的，所以，即便结果不是你扮演的角色想要的，你也要接受。无须自责，不要觉得是因为自己不够努力所以才失败了，如果自己够努力结果就完全不同。其实，你扮演的角色所具备的能力并不能左右结果。每一个结果都是注定的，你只是去体验而已。去做，而不是去想，至于结果，不一定是你的头脑想要的，但一定是你的生命要体验的。

《道德经》云"无为而无不为"，意思是通过顺应自然而达到无所不为的境界。

斯金纳的操作性条件反射理论指出，行为是由其结果决定的。

如果我们能够接受所有结果，行为将不再被预期的结果所驱动，而是自然地进行。

问：我的脑子里有很多想做的事，我怎么知道是头脑要做还是内心想做呢？

答：头脑每天会产生很多想法，这很正常。因此，我建议你学会"观"，也就是有觉知地活着。大部分人每天都是在无意识地活着，任由头脑摆布，认为头脑就是他们自己。一旦你开始有觉知地活着，你就能观察到头脑里的念头。这个"观"就是真正的你。

"观"并不神秘，也不会很难，只是增加了一个"观察者"，让你能够看到头脑中的想法和念头。我们通常都是将自己所扮演的角色与自己的头脑捆绑在一起的，认为头脑就是自己。当处于无意识状态时，头脑想的东西就是你想的，所以你会觉得："我想去做……""我想买……""我想怎样……"。但是，当你退出来进行"观"时，其实就是退到第三方视角，变成"这里有个念头，他想去做……""他觉得刚刚有个人很讨厌，他想去……"。这样看来是不是很简单？那个能够看到这些想法的存在，就是我所说的"观"或"觉"。有了这个"观"，你会发现头脑中的大多数想法在出现后又会很快消失。

此时要注意头脑设的陷阱：当你观察到头脑中有个想法或念头时，千万不要去控制它、阻止它、批判它。一旦这么做，你就落入了头脑设的陷阱，此时的你不过是用另一个念头去批判前一个念头，已经不在"观"的位置了。举个例子：你正在观察头脑中的一个念头，它在批判你身边某个人的身材、相貌及言行举止，这时你会突然觉得自己这么看待别人不对，怎么可以这样做。你开始批判这个念头，这时的你就已经落入头脑设的陷阱，不再处于"观"的状态。

"观"是需要定力的，你只是看着这个念头，不论它是好的还是坏的，都不能去控制或批判它。你只是看着它，任由它自生自灭。你可以每天都试试看这样做。

如果你观察到这个念头有想做的事情，你就可以去做。在生命给你的有限范围内，你拥有自由意志，可以去做任何自己想做的事。如果超出了生命的规划，你根本就做不了任何事情。所以，去做，不要去想。很多生命走到终点的人，最遗憾的就是曾经有很多想法没有实践。所以，大部分人到了生命的最后时刻都会因为曾经没有做什么而遗憾，而不会因为做了什么而遗憾。

这与禅宗的"正念"概念不谋而合。正念即一种专注于当下、不加批判的觉知状态，正如《六祖坛经》所言："无念为宗，无相为体，无住为本。"也就是说，真正的觉知是不执着于任何念头的。《道德经》中有言："知人者智，自知者明。"这是说了解别人是智慧，了解自己才是明智。通过"观"来了解自己的内心，你将能更清楚地分辨出哪些想法是头脑的冲动，哪些是真正来自内心的渴望。

生命螺旋场就如同滚筒洗衣机的旋转，你扮演的角色不过是其中的一滴水。这滴水原本可以舒舒服服地按照生命的运行方向去体验过程，但它却非要与生命对抗。因此，生命只能一次又一次地把你拉回原本安排好的轨道上。如果你在一开始就知道臣服于生命并信任生命，那么生活就会真的很美好。生命已经把所有的结果都为你安排好了，你只需去做，无须担心自己做的事情是否符合生命的安排。因为如果你超出了生命给你安排的螺旋场，生命就会把你拉回正轨。有时候，拉回的方式并不是你的头脑愿意接受的。对你的头脑来说，这可能是一场灾难，但又能怎样呢？在你的头脑层面看来是不幸的灾难，对于你的整个生命来说却是最好的安排。头脑无法理解这一点，因为它无法跨越维度看到全局。生命才是那个真正的你自己！总有一天你会明白这一点。

老子在《道德经》中提到"道法自然",即自然之道最重要,顺应自然的法则才能达到最好的状态。禅宗的理念也强调"不执着",即不要固执于某个特定的结果,而是顺应生命的安排。佛教中的"缘起性空"理论也指出,一切现象都是因缘和合的结果,没有固定不变的自我。这些观点教导我们,要接受变化并信任生命的流动。正如《心经》所言:"色不异空,空不异色;色即是空,空即是色。"这意味着一切物质现象都是空性的,接受这一点能带来内心真正的平静。

信任生命,顺应自然,你会发现生活其实已经为你安排好了一切,你只需去体验和接受。

寻求内心觉醒的旅程

问：想要醒过来是不是需要看很多书，知道很多知识，做很多努力？做哪些事情有助于自己醒来？

答：书籍是我们的朋友，是知识和智慧的宝库。通过对书籍的学习，可以提高自己的认知，但我们的智慧无法通过阅读获得。智慧是与生俱来的，是内心自然生发的东西。书籍充其量只是一个指引我们顿悟的"路标"。

书籍确实可以作为路标，帮助我们醒来，但它并不是唯一的工具。世间万物皆可成为唤醒我们的路标，关键在于哪个路标能真正唤醒我们。一旦你被唤醒，本书或其他能帮助你醒来的事物就完成了它们的使命，不再有太大的意义。再去读类似的书，你会发现它们都在用不同的方式指出同样的方向，就像经文虽然繁多，但最终都是指向一个简单的真理：大道至简。

无论是书籍、文章，还是其他能够唤醒你的事物，都是外在的事物，是你生命在无时空状态下投射出来的工具。当你醒来时，就该放下这些工具。然而，很多人却陷入疯狂地学习和研究这些工具之中，忽略了它们的真正意义。

就像你本来在寻找回家的路，突然发现一个为你指引方向的路标，而你却对这个路标产生了浓厚的兴趣，花费一生的时间去研究它，忘记了回家。这正是执着于外在现象的表现。

再比如，你要渡河回家，看到一条船，这条船是你的工具。渡河后，你却对这条船着迷，开始研究它的来历、是否真实存在。这有意义吗？过河后，船的使命已完成，你就该放下它。不要沉迷于唤醒自己的那个相，也不要管它是什么。即便在冥想或打坐时连接到了什么，一旦它唤醒了你，你就应该放下它。因为这些现象的出现是为了唤醒你，引导你前进的方向，它们本质上都是相而已。但你却跑去探究这些相本身，这是本末倒置。

甄别书籍的作用

在二元对立的物质世界里，有些书籍能帮助你走向内心的醒悟，但有些书籍可能会引导你进入更深的梦境。因此，你要用心甄别。写书的作者可能是真的醒悟了，也可能只是进入了另一个梦境。可以参考这个判断标准：一本方向正确的书籍会让你感到越来越自由，而不是更加受限。

例如，关于业力、因果与轮回的书籍，实际上只是另一个幻象。你的贪嗔痴慢疑原本只局限在物质世界，现在却因为业力、因果与轮回的说法变得更为深重。不仅物质世界的烦恼没有减少，反而增加了自己对业力、因果与轮回的恐惧。一些人因此信仰各种规矩，增加了更多的禁忌和限制，既想要得到，又担心违反后会受到惩罚。他们可能会定时定点地斋戒、诵经，更有甚者手带计佛器，无时无刻不在完成诵经，即便在工作或学习中也不敢有丝毫懈怠。这不是平添负担吗？你想回归无限的自由和解脱，结果却给自己增加了束缚。

这种情况就像是为了摆脱一层束缚，却又落入了另一层束缚。真正的觉醒应该是让自己感到更加自由，而不是被更多的规矩和恐惧所困。回归之路应该是让自己越来越自由，越来越喜悦，而不是给自己增加负担和限制。选择书籍和智慧的指导，需要警惕那些让自己感到更加受限和恐惧的内容，寻找那些能够真正引导自己走向内心自由和有无限可能的方向。

回归之路

真正的回归之路会让自己越走越自由，越走越无束缚，越走越有无限喜悦，没有任何现象能限制自己，彻底跳脱出来。这样，你才会真正感到自在。

所以，要想醒悟，需要的是内心的觉醒，而不是对外在工具的执着。书籍可以作为指引的工具，但最终的智慧源自内心的顿悟。要学会甄别有助于自己醒悟的工具，走向真正的自由。

从思考到行动

头脑是二元对立的，在头脑的世界里，一切事物都有好坏、对错、善恶、是非之分。有时候，头脑无法使你活在当下，总是拉着你回忆过去或畅想未来，因为在当下，头脑的小我完全无法存在。实际上，当下是无我状态，也是小我最恐惧的状态。

去观察那些极限运动玩家，他们每天都在挑战自己，玩高空跳伞、翼装飞行等。这些忙于自己的爱好，一次又一次地挑战极限，在自己热爱的事业中忘我投入的人，他们在每个投入的当下，都是处于临在的状态，甚至是与生命合一的状态。很多奇迹并不是头脑能创造的，而是当下与生命合一所创造的。

所有的痛苦都是头脑制造的，但我们依然愿意陷入其中，不停地分析、思考、权衡利弊，却不愿意去行动、体验、在每一个当下与生命接轨。

极限运动与生命合一

很多爱好极限运动的人可能并不一定知道生命的本质,也无法讲出许多道理,但这并不重要。他们不需要去理解这些东西,也不需要知道。他们只知道,每次挑战极限时,那种爽快的感觉实际上是他们与生命一次次合作、接轨的感受。他们迷恋的不是极限运动本身,而是那一刻的体验,这就是与生命合一的感受,是一种无法用语言描述出来的感受,世间无词汇可描述。

在生活中,我也有这样的朋友。每当在工作或生活中遇到艰难抉择时,他都会放下手头的一切,去爬山或徒步。每次爬山回来后,他都能很好地解决之前困扰他的问题。他告诉我,在爬山时,哪怕是面对悬崖峭壁,他都会完全放下烦恼,觉得所有问题都不是问题。这是他多年来的爱好。人在挑战极限时"临在"的状态,就是与生命合一的状态。因为在命悬一线或稍有不慎就会失去性命的时刻,头脑会处于休克、下线、关闭状态,你的生命接管了你的身体。当下,你会突然体会到舒服和宁静。

你并不需要特意通过挑战极限获得这种感受,也不需要特意制造当下的感觉。你只需观察头脑中的念头,不要被它带跑,投入每一个当下,不让头脑进来批判好坏。这样生活,就是与生命接轨。当头脑关闭的时候,你就成了生命本身。

回想自己是不是总是会想太多,做太少。头脑的二元对立和不断地思考,会让自己远离当下和生命的本质。通过观察头脑中的念头,投入每一个当下,避免头脑的批判和分析,我们其实就可以更好地与生命接轨,体验到真正的自由和宁静。

头脑的游戏

颠倒的世界与头脑的控制

在这个物质世界的人生游戏中，很多时候人们所遵循的规则与真相往往是颠倒的，正如佛陀有一句著名的话——"众生颠倒"。这句话出自《楞严经》，它的意思是说，众生由于无明（无知），对世界和自我产生了错误的认知和执着，因此生活在颠倒和幻想之中。通俗地讲，人们习惯的做事方式，例如通过努力获得成功、重视团队合作、信任权威专家、追随多数人的意见、只看表面做决策等，在寻求真相和开悟的过程中反而可能完全走偏。这些习惯性的做事方式在日常生活中可能有效，但在追求精神觉醒的道路上却行不通。

团体修行的迷思

经常会在互联网上看到各种团体修行的活动：一起冥想、一起上课、一起做这做那。这些看似有益的集体活动，实际上可能让我们更受头脑的控制。头脑这个东西非常有趣，我们一辈子都受制于它，觉得摆脱它的控制很难，但它却可以轻易地被别人操控。这种现象看似不可思议，却真实存在。我们常常会对原本不感兴趣的东西产生兴趣，甚至购买它们，这背后是头脑运行机制在发挥作用。

头脑的控制力并不仅仅体现在个人的选择上，它也深刻地影响着我们的思想和行为。比如，我们加入一个冥想团体，看到别人都在专注地冥想，我们可能也会不自觉地模仿，甚至对这种行为产生认同感。然而，这种认同感往往并非来自内心的真实需求，而是头脑在寻求群体归属感和安全感时的产物。这种盲目的跟随和模仿，恰恰违背了个人修行的初衷。

头脑与认知的局限

头脑就像一台计算机，所有的分析和判断都依赖于我们在过去输入的信息，也就是我们的经历和受的教育。当别人提供了我们未曾输入的信息时，我们的头脑就会产生混乱，再加上社会认知的干扰和受制于自身本性中的贪嗔痴慢疑虚荣等，我们很容易在物质世界中受骗。所谓"交智商税"就是对头脑这种运行机制局限性的生动描述。

这种认知的局限性不仅影响我们的决策，还影响我们的世界观和价值观。举例来说，当我们面对一个新理论或观点时，如果它超出了我们已有的认知范围，头脑就会本能地拒绝接受。这种抗拒并非因为观点本身有问题，而是因为头脑中缺乏相关的信息来进行分析和判断。因此，我们需要不断地扩展自己的知识和经验，以提升头脑的认知能力，避免被局限在狭隘的思维框架中。

头脑的盲目接受与虚妄

头脑还有一个有趣的特点,那就是只要某个人或某本书说了几句真话,它就会全盘接受其思想,而不喜欢观察其本质。这些思想,正如佛经所说的"凡所有相,皆是虚妄",但很多人仍在跪拜这些虚妄。很多灵性社团也是如此,表面上说向内求,认为外面的世界都是虚相,实际上却教导你如何改变命运、实现愿望。这是在利用人性中的贪欲来达到某些目的。真正的开悟并不是通过外界的手段来实现的,而是通过内心的自我觉醒。

在这一点上,头脑的运行机制往往会让人迷惑。当我们听到一些看似高深的理论或观点时,头脑会自动赋予它们权威性,进而全盘接受这些思想。然而,这种接受并非基于理性分析,而是出于头脑对新奇和复杂事物的天然崇拜。因此,我们需要保持警惕,不要被表面的言辞所迷惑,而要通过实际行动和体验来验证其真伪。

个人的旅程

重要的是要明白,我并不是说团队协作不好。在物质世界的人生游戏中,很多时候确实需要依靠他人才能完成任务。但你所走的寻求真相和开悟的道路,是一条个人的路,每个人的都不同。你不需要同伴一起修行、冥想。向内求的路只有你自己才能走通,不管是书籍还是老师,仅仅只能带你到你自己的心门,剩下的就全靠你自己。

这段旅程充满了挑战和未知,但也是最为真实和有意义的。每个人的经历和感悟都是独一无二的,无法复制。因此,在追寻真相的过程中,我们需要独自面对内心的恐惧和疑虑,通过不断地自我反省和内省,找到真正的答案。

第五章 超越头脑的限制

在寻求真相的过程中,我们必须认识到头脑的局限性和易受控制性。任何在你之外的东西都无法进入你的世界,真正的开悟之路只能由你自己独自走完。拒绝外求,专注于内心,这才是通往真相的正确方式。

这条路虽然让你备感孤独,但你走的每一步都充满了内在的力量和智慧。

头脑的局限：探寻生命真相的自由之路

被头脑局限的自由意志

你并不是被生命局限了，而是被头脑局限了。实际上，你永远都有自由意志。如果你在阅读这句话时，头脑觉得"这怎么可能？"，或者认为这个说法与我在前文中提到的宿命论相违背，那么你已经陷入了头脑设的陷阱。

这意味着，你可能仅仅停留在头脑层面，试图去理解前文的内容。然而，很遗憾，头脑无法理解全部信息。头脑与生命处于不同的轨道，或者说是不同的系统。头脑有局限性和二元对立性，而生命是无限的、绝对的。

头脑的局限与无限生命的轨道

如果你拥有一个认知宽广、想象力和抽象思维能力都非常优秀的头脑（时下流行的话叫作"脑洞大开"），那么你的头脑或许可以通过输入知识，勉强把你从它本身的有限轨道拖拽到接近无限生命的运行轨道，让你有幸瞥见无限的生命。请记住，这充其量也就是站在最接近无限生命的运行轨道瞥一眼而已。从头脑这个有限的轨道直接跳入无限的轨道运行是不可能的，因为它们完全不是一个系统，也不是一个层面。

那些认知范围狭窄、文化程度较低、不具备较强抽象思维能力和想象力且教条主义的人，真的很难利用头脑去窥见生命的真相。当然，这并不是在贬低这些人。其实，生命没有最好和最坏之分。头脑简单的人反而更容易去体验生命，因为他们少了头脑树立的很多认知障碍和限制。只是这类人不适合通过学习知识，利用头脑的"聪明"去接近无限的生命。他们更适合简简单单地生活，体验当下，用最直接的"五感"在每一个当下与生命接轨。这种人往往活得很轻松，因为所有的烦恼都是头脑制造的。有时候，头脑的"聪明"反而是回归和体验无限生命的一大障碍。

自由意志与宿命论的共存

很多人无法理解自由意志与宿命论同时存在的合理性，甚至有些人认为这是个悖论。如果你告诉他们宿命论指的是生命中的一切都是生命本身安排好的，他们的自由意志也存在，只不过站在绝对层面看，自由意志只能在生命规划好的地图上运行，不可能超出生命安排好的地图，这时他们的头脑可能就会产生两种反应：一种是认为既然都是生命安排好的，就直接"躺平"，什么都不干，等着生命安排的结果出现；另一种是陷入"囚犯心态"，觉得自己失去了自由，更不快乐。

你可以把一座城市给一只蚂蚁，虽然它永远只能在这座城市内活动，但对于蚂蚁来说，可能一生都爬不完这座城市。对它而言，这座城市就是无限的，它去哪里完全由自由意志决定。它自己决定去山川还是小溪，绝对是不一样的风景。如果这只蚂蚁非要在一平方米的范围内活动，它以为这就是它生命的全部，不肯尝试走出去，那么它就是在画地为牢。

拓展生命的地图

你为什么不用有限的生命去拓展自己的生命地图呢？去看看生命为你安排了哪些体验，不要用头脑的认知局限了自己的步伐。你要知道，在生命地图上运行，你是安全的。即便去了自己的头脑不喜欢的地方（结果），那又怎样？接受它，然后继续前行。不要等到生命终结时再俯瞰地图，才发现 90% 的地图因为头脑的局限和恐惧没有探索过。那时你才发现，原来生命中有无数可能性。你并不是被生命局限于地图上，而是自己画地为牢，用头脑的认知局限自己。

谁在控制你

头脑的本质与局限

头脑原本就像一台计算机，它负责储存记忆、调取和分析信息。它是我们进入物质世界的工具，属于有限世界的产物。然而，许多人误以为它就是他们自己，因此终其一生都被这台"机器"控制。

当你出生时，你的头脑中并没有储存任何信息，但随着你在原生家庭中成长，你的父母开始不断地将他们掌握的信息灌输给你。同时，你会利用"五感"去体验生活圈子中的信息，并将这些信息输入自己的头脑中。于是，你的头脑开始有了信息储存。随着你逐渐长大，进入幼儿园、小学、中学、大学，并最终进入社会，每一次经历都会通过"五感"体验被储存到自己的头脑中。由于这些信息的量庞大，头脑会选择将一些信息存储到更深的"隐藏文件夹"，也就是你的潜意识中。

潜意识的真实面貌

一些朋友可能会误以为潜意识就是他们所说的内在真实的自我，但这种理解是不正确的。虽然潜意识比头脑更为隐蔽和广大，但它仍然是人类心理活动的一个组成部分，是人类经历和感知的储存库，而不是那个真实的自我。潜意识的作用在于记录和保存那些未被意识所接受或处理的信息，这些信息在无意识状态下影响着我们的行为和决策。

潜意识仍然是人生游戏的产物，它和头脑一样都不是内在真实的自我。头脑是我们认知和逻辑思维的中心，仅相当于冰山一角，而潜意识则是冰山下约 80% 的部分，包含了更深层次的记忆、情感和未被意识到的动机。头脑和潜意识共同构成了我们在日常生活中所依赖的心理机制，但它们都不是我们内在真实的自我。真实的自我超越了这些心理机制，是一种更为本质的存在。

潜意识拥有更大的储存空间，可以接受一切不被外在意识认可和排斥的东西。头脑的储存空间相当于一台个人电脑，而潜意识的储存空间则相当于云储存。比如，你今天去逛商场，你的头脑可能仅仅记住与自己互动的人和事物，但你的潜意识可以记住商场里每一个与自己擦肩而过的人和事。如果你开车，你的潜意识可以记录下这一路上每一辆汽车甚至它们的车牌号。

心理学的局限性

心理学中几乎所有的研究和应用都是围绕潜意识展开的。弗洛伊德和荣格等心理学家将潜意识视为理解人类行为和心理问题的关键。然而，心理学的方法主要用于分析和理解潜意识的内容，通过揭示隐藏的动机和未解决的冲突来治疗心理疾病。然而，心理学的局限性在于它只能在头脑和潜意识层面上运作，无法触及那个超越头脑和潜意识的真实自我。因此，心理学并不能彻底解决所有的心理问题，因为我们几乎所有的问题都是头脑制造的。

觉醒与自我认知

没有真正觉醒的人，在约 80% 的时间里是被头脑控制的，只有在约 20% 的时间里是在利用头脑。大多数人在日常生活中处于"自动驾驶"状态，受到潜意识和头脑的控制，无法真正理解和体验内在的自我。真正的觉醒是进入一种超越头脑和潜意识的状态，是对自身本质有了深入认识和体验。在这种状态下，人们不再被过去的记忆和潜意识的模式所束缚，而是能够以清醒和觉知的心态面对生活，做出真正自由和自主的选择。

通过对潜意识和头脑的深入理解，我们可以看到它们在我们的心理机制中扮演重要的角色，但它们都不是我们内在真实的自我。只有觉醒，超越头脑和潜意识的限制，才能真正理解和体验到那个真实的自我，达到内心的自由与平和。这不仅是对心理学的补充和深化，也是对人类精神探索的重要启示。

无法通过头脑获得开悟

你想摆脱头脑控制的念头依然来自头脑，这就是为什么我一直强调，你无法通过努力学习和研究知识获得开悟，无法通过修行获得开悟，无法通过克制欲望获得开悟。你无法利用头脑超越头脑，你会一直在头脑设的陷阱中打转。你想利用头脑摆脱头脑的控制也是一种妄想，就像试图通过不断地进食使自己有力气把自己抬起来一样可笑。那些所谓使你开悟的知识只会"喂养"你的头脑，是小我在修行。

　　这也解释了你为什么很难摆脱头脑的控制。除非你完全跳出来，在另一条轨道上去运行。你只能退出来"观"，那个超越头脑的觉知才不会受头脑的影响。即使在退出来"观"的时候，你也要保持高度警觉，因为头脑会设下重重陷阱，你一不小心就会被从"观位"拉回头脑内运行还不自知。比如，你会在观察头脑中的念头时，看到自认为不好甚至不道德的念头，随后立刻开始批判和自责。如此一来，当下你已经不在"观"了，只是用一个念头批判前一个念头而已。真正的"观"是不加任何控制与批判的，让念头来去自如却不跟随念头而行。长期如此，你的内在智慧自然会生发，所有的问题也将不再是问题。

如何摆脱头脑的控制

　　如果把潜意识单独拿出来分析，可以再写成一本书。实际上，潜意识并不会直接制造痛苦。潜意识就像一个巨大的信息储存库，储存了我们未曾意识到的记忆、情感和经历。虽然深入研究潜意识可以为我们提供丰富的洞见，但这并不是消除痛苦的根本途径。如果你对潜意识感兴趣，可以深入研究，通过这种研究可以理解自己更多的行为和情感模式。然而，如果你的目标是摆脱由头脑制造的痛苦，那么你只需要觉醒，这样一切问题都会迎刃而解。

　　觉醒是一种内在的觉知状态，不依赖于外在的知识或努力。研究潜意识和研究医学、物理学、生物学等学科类似，可以通过学习知识来获取人生游戏的玩法，然后再去体验。但这些研究与觉醒并无直接关系，仍然是两条不同的轨道。觉醒是一种超越头脑和潜意识的状态，它不是通过外在的学习和研究获得的，而是通过内在的观照和觉知实现的。

第五章　超越头脑的限制

通过对头脑和潜意识的深入理解与研究，我们可以更好地认识头脑的局限性，从而找到摆脱其控制的方法。头脑是一个强大的工具，但它也是痛苦的制造者。它通过不断地思考和分析，制造出各种焦虑和烦恼。潜意识则是头脑的深层次部分，储存了更多未被意识到的信息和情感。理解这些机制可以帮助我们更好地应对日常生活中的挑战，但仅仅通过理解和研究，并不能实现真正的解脱。

觉醒不是通过外在的努力获得的，而是通过内在的觉知和观照实现的。观照是一种非评判的观察，让念头来去自如而不跟随它们。这需要长期的练习和内在的专注。只有当我们学会了这种非评判的观察，我们才能真正跳出头脑设的陷阱，体验到生命的无限可能。

头脑设的陷阱在于它不断地思考和分析，试图解决由自己制造的问题。这种自我循环使得我们难以摆脱头脑的控制。而真正的觉醒则在于打破这种循环，通过内在的觉知和观照，看清头脑的运作模式，而不被它控制。在觉醒状态下，我们不再被过去的记忆和对未来的担忧所困扰，而是活在当下，体验到真实的内在平静和自由。

只有超越头脑才能不被头脑控制

头脑的本质与困境

如果你去研究头脑，就会发现头脑是非常有趣的存在。它不仅困住了你，也困住了它自己。头脑本质上只是一个工具，但在控制你的时候，它显得无所不能。然而，当你试图摆脱它的控制时，你却发现比登天还难。即便你知道有一种方法叫作"退出来观"，即通过观察头脑中的念头来超越头脑本身，但头脑总是会制造一个又一个能吸引你注意力或让你陷入思考的念头。你的头脑最了解你，总是能找到适合你的"钓饵"，甚至有时会故意制造出违背你的认知和超越你的道德底线的念头来干扰你的观照，目的就是逼迫你用下一个念头去批判它自己。

头脑的相对无力

谈到这里，你可能会觉得头脑就像神一样的存在，让人难以摆脱它的控制。实际上，你的头脑只能控制你自己。面对他人的头脑，你会发现，你的头脑显得无力。这个原理很简单：你在自己的头脑之内，无法摆脱它。它对于你来说就像"监狱"，即使你通过努力学习获取更多的知识和认知而变得强大，头脑也在同步强大。这就像很多人在修行，但只是头脑在修行，修得越多，限制越多，最后更走不出这个"监狱"。

为什么你的头脑对别人显得很无力？因为别人的头脑在你的头脑之外，你的头脑对别人几乎一无所知。通常情况下，认知范围的大小决定了谁"收割"谁。当然，有时头脑也不完全由认知决定，还可能由其工作原理决定。比如，头脑喜欢对未知的人和事物产生好奇或恐惧，喜欢相信大部分人认为正确的事物，害怕与众不同……在人生游戏中，除了极少数真正从最高层面觉醒的人之外，大家基本上都受制于自己的头脑。头脑除了受到自身认知的限制外，还具有所有人类的头脑共有的特性：贪嗔痴恐。这些特性在物质世界的人间游戏互动中无处不在。

超越头脑的觉知

如果你能退出来"观"，那么你不仅超越你自己的头脑，也超越了他人的头脑。因为觉知与头脑是不属于同一个空间的存在。一个能够观照的人，不再只看问题的表象，而是直达其本质。

比如，有的人看书时只看表象，如果作者的书里有描述真相的文字，他们就会本能地认为这本书讲的都是对的，都是真相。实际上，书中所述的本质可能只是在引发你的贪嗔痴恐，激发你的欲望。

一个能在生活中处处观照的人，会逐渐摆脱头脑的惯性思维，习惯性地忽略表象，直达本质。这样，你在物质世界中就会少踩很多坑。虽然你能体验的都是生命允许范围内的，但对于头脑来说，被别人欺骗总是会引发情绪。如果你能够做到允许一切发生，就无所谓了。然而，这本身就是一个矛盾点。如果你能做到允许一切发生，你早已摆脱头脑的控制，自然不会被表象迷惑。

摆脱头脑的限制：走向真正的觉醒之路

在回应读者提的问题时，我意识到许多人都会在头脑运行模式中陷入对真相的误解。我在文章中一再强调，要摆脱头脑的这种模式，因为它会把无限的你限制在一个狭小的空间里。就像把自己当成初来人世的新生儿，或者初次踏上陌生星球的探险者，只有清空杯子，才能盛满新的水。然而，这一简单的道理，许多人却难以理解。

问题与回答

问：中华五千年凝聚的文化是"克制"，孔子、孟子等圣贤的观点与你所阐述的有冲突。想问一下，难道他们和历史上其他那些最有文化影响力的大家都没醒来吗？

答：这个问题中的每一句话都体现了头脑的限制。例如，"中华五千年文化"是克制，头脑认为五千年是个很长的时间，所以这么长时间存在和流传下来的东西就肯定是真理。但是，真相真的与时间有关吗？实际上，连历史和时间都是头脑的产物。

问:"孔子、孟子讲的跟你讲的有冲突,难道他们,包括历史上其他那些最有文化和影响力的人都没醒来吗?"

答:是的,是否"醒来"与一个人拥有多少知识和多大的影响力无关。知识只是相对世界中的产物,是供你在相对世界中体验和使用的工具,它本身并不是真相。而有影响力的人更是与是否"醒来"无关,影响力只是时代和社会认可一个人的指标之一,每个时代甚至每个人对影响力的定义都不同。

历史上所谓的伟人之所以被称为伟人,是因为当时的时代和社会给予了他们这样的评价。这并不意味着他们就是"醒来"的人。在这个梦境中,一个扮演乞丐的人可能是"醒来"的,而一个扮演总统的人却可能一直沉睡在梦中,这并不奇怪。

你所认为的对历史有影响的人,就像你现在在社会上看到的被认为有贡献、有成就的人,这些人不一定是"醒来"的。一个总统在社会认知体系中可能被认为是伟大和有成就的人,但这并不意味着他就是"醒来"的人。就像一部电影里扮演皇帝或成功人士的角色不一定是电影的主角一样,电影的主角可能是一个默默无闻的小人物,这并不奇怪。

讲到这里,我突然想到,仍然会有人用头脑思维模式去总结我的文章,最后得出一个结论:越是有能力、有成就、有影响力的人,反而不是"醒来"的人,只有小人物才有可能是"醒来"的智者。这种二元对立的思维方式正是头脑模式的体现。一个"醒来"的人,或者说智者,与他在这个梦境中扮演的角色完全无关。这个角色可能是一个有影响力的人,也可能是一个默默无闻的人;可能是一个富有的人,也可能是一个贫穷的人。这与他的本质毫无关联。

总而言之,摆脱头脑的限制,才能真正理解和体验无限的真相。无论我们在这个梦境中扮演什么角色,都不应被这些表象所束缚,只有这样,才能真正"醒来",认识到自己无限的本质。

摆脱选择的纠结：回归内心的宁静

在现实生活中，选择看似复杂，实际上并不困难。大部分烦恼和纠结都源于我们对选择的过度思虑和恐惧。在选择前，我们担心选错会带来不良后果；在选择后，我们又后悔没有选择另一种可能。然而，这些都是头脑制造出来的焦虑。

由于你尚未觉醒，把头脑当作自己，信任头脑的游戏，因此，所有的烦恼随之而来。无论你选择哪一个，其实最终要体验的本质都一样，只是头脑看不到这背后的本质。你需要明白，表象可以千变万化，但表象并不重要。虽然很多人的头脑知道这些道理，但在实际践行时仍然会陷入剧情的表象，对表象信以为真，因而痛苦不堪。

选择的本质

举个例子，如果你的生命此刻需要体验失落感，那么你的头脑就可以在不同的剧情表象中选择，但最终你注定要体验失落感。表象不重要，重要的是内在的体验。同样，如果你要体验一次投资获得收益带来的成就感，你的头脑可能会在选择投资渠道时纠结不已。其实，无论选择 A、B 还是 C，最终的体验都是成就感。如果你选择 A，即使看到选择 B 的朋友获得了更多的收益，你也无须后悔；如果选择 C 的朋友亏损严重，你也无须觉得自己的选择多么明智。因为在你的生命剧本中，最终的体验是固定的，只是选择的路径不同。头脑总认为一件事情是由因到果，而真相却是由果到因。

头脑的妄想

头脑之所以在选择上如此费心、纠结，并在事后悔恨和责怪他人，都是因为无明。头脑总是觉得自己的选择能左右整个剧本，觉得自己身负重任，因此才会产生纠结和悔恨。然而，人生的"方向盘"根本不由头脑掌控，小我只是"副驾驶员"。明白这一点后，纠结和悔恨就会消失。

回归本质

人生充满选择,但无论选择哪一个,都无须纠结,只要积极地去做就好。如果不是你的路,走不通终会退回;如果是你的路,无论怎么选,都能走通。积极地行动,会给你带来一个又一个当下的体验,而什么都不做地"躺平""摆烂",就像游戏中的角色停在原地,不会有大的改变。除非到了必要的时候,生命会通过外界的相逼迫你去行动,经历下一个当下。但被逼迫的行动通常不是头脑喜欢的剧情,这又何必呢?

明白了这些后,选择就变得简单了。要放下头脑的纠结,跟随内心的指引,回归内心的宁静,体验生命中的每一个当下。只有积极行动,才能真正体验到生命的无限可能。

小我的挣扎

在这个二元对立的世界里，我们必须接受事物的两面性。有些人在瞬间顿悟，而有些人在面对真相时感到崩溃。当他们意识到所谓的自由意志只是生命在有限范围内的自由选择时，他们会感到绝望，觉得自己最后的幻想也破灭了。头脑（小我）不再能掌控什么，反而开始对真相进行反驳和抗拒，企图继续编织美好的幻象。有这样的反应是可以理解的。

我们常常把头脑当作自己。当我们的头脑意识到我们所扮演角色的局限时，我们便会愤怒和反抗。许多人在意识到物质世界的虚幻后，发现自己受到了另一种无形力量——生命的安排，他们的小我无法接受自由意志的有限性，开始顽固地对抗这种安排。这种对抗只会让他们更加痛苦，正如陷入沼泽地的人，越挣扎陷得就越深。他们可能转向研习玄学，试图改变和掌控自己的生命，但这只是头脑的妄想。

真正觉醒的人会明白，生命才是真正的自己。当你真正觉醒，成为那个创造者的自己，一切都会变得清晰。生命一直在成就你，这种爱是无法用语言描述的。当你触碰到这份爱时，你会泪流满面。圣人用"空""在""爱""一"这些词语来无限接近地描述这种感受。

并不需要强迫每个人必须在此刻觉醒。如果你的时机未到，强求也是无用的。对于那些无法觉醒的人，我只想说：尽力过好每一个当下。如果你坚持与生命对抗，就请记住，当你对抗到筋疲力尽、伤心欲绝、痛苦难耐的时候，试着接受与臣服。让自己在心里永远留有一盏灯，这盏灯就是你真正的生命。不管头脑如何愚弄你，你最终都会回到这盏灯的指引下，回到真正的自己。当你终于放下对抗、接受生命的安排时，你会发现自己一直在被生命无条件地爱着，生命在等待着你回家。

谁觉醒

觉醒并不是让角色醒过来，也不是让头脑醒过来。角色和头脑本质上是不存在的，是彻头彻尾的幻象，怎么可能醒来呢？我们所讨论的一切都与头脑和角色无关。如果说在这个过程中它们能做些什么，那就是作为工具，角色通过"五感"完成剧情，让"觉"去体验，头脑则作为一台电脑被我们使用，而不是我们被它控制。

我们谈论的觉醒，指的是让"觉"醒来，认识到自己是谁——知道自己就是生命本身，而不仅仅是觉知。因此，从"觉醒"这两个字来看，意思很明确，就是让这个"觉"醒过来，而不是其他什么东西。

什么是"觉"？

"觉"即觉知，也就是我们常说的"观"。当你启动"观"的时候，此刻正在"观"着头脑中的念头的那个存在就是"觉"。你不需要再去寻找"觉"，因为此刻"觉"就在"观"着头脑中的念头。

如果不是"觉"在"观"，究竟是谁在看着这些念头呢？如果此刻你非要去寻找"观"着念头的东西是什么，那么你就再次进入了头脑系统，试图用念头去寻找"觉"，你的觉知就消失了，被念头成功取代。你找不到"觉"，因为你就是"觉"。

"觉"是不生不灭的存在，是真正的你自己。所以，它不会因为肉体死亡而结束，它属于生命的一部分。其实，说它是生命的一部分并不完全准确，这仅仅是三维语言最大限度的描述，因为"觉"如同一滴水，而生命如同大海。这滴水有了自己的意识才离开了大海。一旦这滴水回到大海，它就是大海本身，因为意识融合了，不存在"个体"这个概念，这滴水就是生命本身。因此，生命被称为"一"。最终，如果能"觉"到自己，也就是"觉"到生命才是你自己，那才是真正的回归。

在这个层面上，我们才可以说生命才是你自己，你就是整个生命。因此，我们一直在强调，你要知道真正的自己是谁。并不是头脑要知道真正的自己是谁，而是要"觉"到真正的自己是谁。很多人认为是让头脑知道那个真正的自己是生命、是世界的创造者，这真是一个巨大的误会。

如果想让头脑知道，不就是一句话的事吗？如果真是这样，每个人就都能知道自己是谁，因为只需要用语言告诉头脑即可。头脑知道与否有什么意义？它本就是个不存在的东西，你让一个不存在的东西去知道真正的自己是谁，这不是很荒谬吗？很多人在这个问题上与头脑纠缠不清。正因为纠缠不清，所以很多人都在头脑层面告诉自己是世界的创造者，可以修改剧本和剧情。一切的根源还是无明啊！

你让头脑知道，让角色知道，让角色的潜意识知道，都没有用，需要知道自己是谁的是那个"觉"，需要醒来的也是那个"觉"。明白了吗？只有"觉"醒了，才叫"觉醒"。

活在当下

你要活在当下,因为"觉"与生命的对焦点只在当下。你需要不断地活在当下,保持觉知,才能一次次地让"觉"与生命对焦。在这个过程中,"觉"会被生命一次次碰撞,最终被唤醒。并且你只能在这个有形的世界中才有机会产生"当下"。生命只能在当下等待对接,如果你的这一世结束了,虽然你被迫让"觉"醒过来了(因为死亡让你明白身体、头脑和角色都不是自己),但它醒在了彼岸。那里没有当下可以与生命合一,没有当下可以让生命彻底唤醒"觉","觉"还是不知道自己就是生命本身。怎么让"觉"回归呢?"觉"只能在生命给予的可选剧本范围内再一次选择。"觉"希望通过体验剧本找到自己。头脑把每一个当下分成喜欢和不喜欢,然后去逃避当下的体验,不接受、不臣服。你要知道,每一个被头脑认定为好的或不好的体验,都是在"觉"的过程中,你自己精挑细选了为了能与生命合一并找回自己的剧情。你所有的剧情都是"觉"在体验,不是头脑在体验。

你到底是谁

你是谁?

当我问你"你是谁?"时,你的答案是什么?
1. 我是这个人、这个角色、这个头脑,这个叫作某某某的人。
2. 我不是头脑,不是这个人物角色,我是内在的觉知。
3. 我是生命的本源。

以上三个回答中,只有第一个回答是最真实的,也就是说100%的人都能真实体验到。第二个回答只有不到1%的人能真实体验到,其他99%以上的人仅仅是通过头脑层面学习知识、信仰宗教以及崇拜圣人才使头脑知道了而已。这并不是说他们真的觉察到了这个层面。所谓觉察到自己不是头脑和相信自己不是头脑及当前的角色,是完全不同的感受。头脑层面的叫作"相信",觉知层面的叫作"感知"和"体会",或者叫作"知道"。就如同在现实生活中你知道自己叫什么名字,知道自己的性别,也知道自己的家人是谁,这一切是不需要去论证、毋庸置疑的。但是"相信"是有条件、需要被论证、可以被推翻的。比如，我相信你爱我，我相信我不会失去工作等，一旦条件发生变化，就可以把它推翻，使之成为"我不相信……"。第三个回答几乎没有几百万分之一的真实性。这个世界上只有极少数人这样回答才是真实体验到了这个层面，其他这样回答的人都只是头脑层面的相信，而非真实体验。

对以上回答的解释可以清楚地说明为什么人类面对所谓真理时，总是觉得有矛盾。但是，有矛盾的怎么可能是真理呢？真理是永恒、绝对的存在，又怎么可能有矛盾和悖论呢？有矛盾的是你自己，只有相对层面才存在矛盾与悖论。

所有真相都站在最高层面，也就是上文中描述的第三层。如果你还站在第二层或第一层去阅读和理解那些话，你的确会发现非常矛盾。现在你知道原因是什么了吗？原因在于目前你的意识处于哪一层面，也就是此刻的你到底是谁。

意识层级

这个问题非常重要。如果此刻你仅仅是自己的头脑，是所扮演的角色，那么对你而言那些真理都是错的。如果你被所扮演的角色的头脑控制，你要如何去理解经典中说的"你的世界只有你自己"？你理解不了，对你来讲这句话不成立。这么多矛盾，你却视而不见，不是自欺欺人吗？

如果你非要用信任、信仰去说服自己相信这句话是对的，那么你就是在自欺欺人，因为以你现在的意识层级，根本就感受不到。所以，你对自己不够诚实。我也说过，其实开悟最重要的前提条件是一定要对自己百分之百诚实。

感知与信仰

人类总是喜欢颠倒行事，总是在完全感知不到自己是生命本源甚至感知不到自己是内在觉知的时候，非要按照想象自己是内在觉知、是生命本源的样子去做外在的行为。头脑靠信念去想象"如果我是内在觉知，是生命的本源，我应该如何做？"，这真的很滑稽。你真的感知到了吗？

多少人在梦中痴迷"我创造着自己的世界"这句话。不能简单地说这句话是对还是错。如果你站在第三层，感知到了生命一体层面，这句话就成立。这句话原本属于最高层面，绝对不属于第一层和第二层。如果这句话被拿到第一层和第二层说，那么它就是错的。

生命的本源

"我就是生命的本源"。这句话里的"我"是谁？这里的"我"已经是生命本身了。说这句话的人已经回归生命本身这个层面了，所以这句话千真万确。生命投射了一切，创造了一切。但前提是，你要知道自己是谁。

可笑的是，很多沉迷于显化的人最爱用这句话鼓励自己。但你是谁？或者说，此刻你能感知到自己是谁吗？很多说这句话的人目前只能感知到自己是自己所扮演的角色而已，这时候这句话对他们而言根本不对。你还仅仅是个角色而已，你敢说角色创造了你自己的世界？这不是做梦吗？即便此刻你已经能感知到自己是觉知本身，你也不能说这句话，因为在这个层次，觉知也没能力投射这一切，觉知仅仅知道头脑角色不是自己，觉知不再陷入剧情。觉知依然有它的限制，觉知可以感知到自己的世界没有别人，这些角色都是自己，但觉知还没有觉到"自己是生命本身"这个层次，觉知还处于分裂状态。所以，我们说，每个人都有自己的觉知，互不相干。每一次觉知都是在自己的世界里进行，你的觉知和我的觉知在不同的世界相互独立。

直到有一天，觉知突然体验到自己是生命本身的时候，这个合一才产生。也就是说，此刻的你才能算得上是生命本身。也只有在这个时候，一切描述真相的文字对你而言才不矛盾。这个时候才能说，你创造着整个世界。

记住：每一层都是你感知、觉悟、体验到的，而不是你用头脑想象、认识到的。不是你相信自己是谁，而是目前你能感知、体验到自己是谁。

游戏中的小人儿

游乐场的比喻

为了更好地理解这一点，我们用游乐场的一个比喻来说明。

大家都如同进入游乐场玩耍的人，但玩久了迷路了，大家都在寻找回家的路，寻找游乐场的出口。我只是告诉你们出口的正确位置，但是很多人在往出口走的路上，被沿途的各种游乐项目迷住，忘了自己要干什么。

例如，有的人走着走着看到过山车检票口，出于好奇就想进去（尽管他已经玩过很多次了，但都忘了）。有的人看到加勒比海盗船项目，也想去玩，并且这些项目的检票口的人会跟他讲这里才是回去的出口，于是他相信了。而我告诉你，这都不是你回家的出口。如果你想去玩，完全可以，但你最终还是要回家。所以，你现在可以不跟着走，但我还是尽量把回家的路线告诉你，你玩过了记得自己回去。

我只是帮助那些想要回家的人，让他们不走弯路，直接走向出口。至于一路上看到的很多游乐项目，我不负责解释它们的具体玩法和体验。因为既然你是要回家的人，管这些游乐项目如何玩以及体验如何干吗呢？好不好玩、怎么玩对你来说都不过是相而已。

　　玩游戏的朋友应该知道，游戏中的角色在地图上只能看到眼前的部分，其他区域必须由角色自己走过去，才能被点亮并显示出来。大家是否也像这些角色一样，一步都不肯走，只是站在原地，用头脑拼命地分析那些未被打开的地图到底是什么样的。为什么不自己去体验呢？光站在那里有什么意义？人生是用来体验的，不是用来思考的。与其在脑海中猜测，不如亲自走过去看看。

　　虽然我们用游戏作类比，但人生和游戏并不完全相同。在游戏中，你还能问别人走某条路会遇到什么，但在人生游戏中，每个人都不一样。他人的人生地图与你无关，你自己的道路必须自己去走、去看。头脑无须担忧"万一走错了会怎样？"。生命不会出错，你能走的路都是为你准备好的，不是你的路你怎么都走不通。

在心理学中，有一个概念叫作"行动—反思平衡"，它强调在生活中过多地思考反而会让人缺乏行动，会导致错失很多宝贵的机会。

再举个例子，地球就好比是限制角色的空间，因为绝大部分人一辈子都无法离开地球。但是，你觉得生活在地球上就像被绑在一间房子里那样受限吗？没有吧。毕竟你还能去地球上其他很多国家和地区，甚至有的人一辈子都没有出过国，他们已经觉得版图足够大了。所以，不要每次谈到角色受限时，你就感觉自己被束缚了。限制你的只是你的头脑，是自我设限而已。

过度思考实际上是一种逃避行为，是为了避免面对现实中的不确定性和挑战。而只有当我们放下这种逃避心理，真正走出去体验生活，我们才能找到真正的自我，实现真正的自由。

人生是一个不断地探索和发现的过程，就像游戏中的角色一样，我们需要一步一步地走，才能点亮人生的地图。不要让自己的头脑束缚了自己的脚步，勇敢地去体验、冒险，这样才能真正领略到生命的美丽与奇妙。

觉知与臣服：走出剧情的迷雾，
拥抱生命的本质

在生活中，我们常常被眼前的剧情所迷惑，从而错失了察觉和理解更深层次本质的机会。要做到不被剧情的表象迷惑，抓住臣服于本质的机会，可以从以下几个方面入手。

1. 保持觉知

对于每个当下发生的剧情，我们需要保持觉知。觉知就如同一个看电影的人知道自己在看电影，自己不是剧中人。尽管我们会因剧情而大笑或哭泣，但始终清楚这只是在看电影。用这种方式去观察每一个情节，我们会发现自己变得更加立体和智慧，减少了与头脑的纠缠。一旦与头脑纠缠（以为头脑就是自己，角色就是自己），智慧之门就会关闭，只能用有限的认知去应对剧情，并且随着情绪的介入，智商也开始下降。

2. 认清投射的本质

在每一个当下的剧情展开时，通过觉知，我们可以确定眼前的人和事物身上不存在"他"这个概念。一切都是自己生命的投射。即使当前有人伤害了我们，我们也能保持觉知，知道这个人是我们生命的投射。整个事件都是自己生命的投射，并不是真的有个"他"在伤害我们。如果不能觉知这一点，我们就会将注意力从自己引向别人，认为剧情是他人创造的，头脑开始介入，产生不满和对未来的投射，而情感叠加则会使自己迷失。

3. 保持观照

生命如同画一幅场景画，作画者必须保持在画之外，这样才能明确地体验到画在表达什么。如果进入画内，作画者就会迷失。我们需要退出来"观"（"观"是对两种行为的描述：一是无剧情时"观"念头；二是有剧情时"观"剧情）。

4. 信任生命的安排

一个觉悟之人能够在"观"到本质后，不去改变当下的能量，因为他知道生命的投射已经是最好的。头脑分析不出原因，也无须去分析。在生命允许的范围内选择另一种可能也可以，但这不是最近的路。做到不改变当下，自动选择路线，其实是需要智慧、信任与胆量的。

5. 灵活应对

如果无法完全做到只臣服不选择，也可以在臣服后积极地选择。因为每个当下的选择都是生命允许的，最终目的地是一样的。不必计较这条路是否远或崎岖，重要的是在过程中保持觉知和臣服。

实例解析

在电视剧《天道》中，主人公丁元英在早餐摊上买油条，先付了钱再吃。在他吃完要走时，老板大声喊道："你这人怎么吃油条不给钱呢？"丁元英愣了一秒钟，立刻走过去说："多少钱？我付给你。"直到他走后旁边的人才跟老板解释说："他吃之前就付过钱了。"老板这才不好意思地说："哎呀，是给过了，下次少收他就是。"

大多数人将此解读为丁元英有格局，不计较小事。其实真实原因是，丁元英在愣了一秒钟后，就立刻知道根本没有这个老板存在，这是他自己的生命给他创造的剧情。他信任生命的安排，知道这个剧情被创造出来一定有道理，对他自己来说是最好的，因此避免了头脑介入，避免了不必要的分析和情绪发泄。

总而言之，无论是宗教哲学中的智慧，还是现代科学的发现，都可以帮助我们在生活中不被剧情的表象迷惑，抓住每一个臣服于本质的机会。保持觉知，认清生命投射的本质，信任生命的安排，并在必要时灵活地应对，是实现不被表象迷惑这一目标的重要途径。我们每个人都在这幅复杂多变的生命画卷中扮演着独特的角色，唯有退一步观照，才能看清画中的真意。无论如何选择，只要心存觉知和信任，在人生的旅途中就会变得更加明朗和智慧，我们也就能去拥抱生命的无限可能。

修行中的迷失与真谛

被各种信念束缚的人,无法体验到应有的自由。原本沉睡在梦中的人,会被梦里的认知和观念限制。那些觉得苦不堪言而选择通过修行来摆脱这些限制和痛苦的人,会发现自己的两只脚分别踩在了两层幻象中,动弹不得。

修行不仅没能使他们破除物质世界的限制,反而在原来的基础上增加了更多的限制。例如,行善积德、供养与放生、进食种类限制等,这些并不是解脱,而是在原有限制的基础上,又给自己树立了新的信念系统。

他们曾经的生活仅仅被物质世界的二元观念限制,现在连吃饭、说话等行为,甚至在头脑中产生某个念头都不被允许。我形容沉睡于梦中的人,如同把原本无限自由的自己限制在一个监狱里,尽管活动空间有限,但至少还能走动。然而,那些为了走出监狱、寻求解脱而选择修行的人,就像把自己用绳子绑在椅子上,无法动弹。那些沉睡于梦中的人很现实,他们仅仅担心今生过不好;而那些被修行限制的人更可怜,不仅担心今生,还担心来世的因果。殊不知，那些原本不存在的东西，被自己强加了一层幻象。

此刻你还不能戳破他的头脑中产生的幻象泡泡，否则就像拿走了他的拐杖，他一定会拼命抓取。因此，我建议，在遇到这种人的时候，无须急于点醒他。相越深，执念就越重。你说的每一句话、每一个字，经过他的妄念处理后，都会变得面目全非。

生命总是会用实相教育他。如果痛苦无法唤醒他，那就给他更大的痛苦；如果失去无法唤醒他，那就给他更多的失去。要相信生命的力量，而不是用语言教育他。执着于让你身边的人醒来，本身就是一种执念。每个人只需要活好自己。生命的螺旋场如同滚筒洗衣机旋转，没有一滴水能长时间逆行，而不被生命的力量扭转到螺旋场中。所以，一切都会回到轨道上。

头脑面对任何事情，总是判断它们非黑即白、非对即错、非善即恶；而生命的真相，是接纳所有，包容一切存在。锚定自己是在当下的实相，而不是在头脑中想象的剧情，甚至别人的剧情中。稳稳地站在中间，不左不右，不偏不倚，智慧始终就在这里。

修行与自由的真谛

真正的修行，不是给自己增加限制，而是去除那些束缚自己的信念和观念。真正的自由，是内心自由，是在任何情况下都能保持内心的平静和觉知。修行的目的是提升自我觉悟，找到内在的平衡，而不是给外在的行为设置很多条条框框。

在佛教中，正念和觉知是解脱的重要途径。正念提醒我们要关注当下，而觉知则帮助我们洞察事物的本质，不被表象所迷惑。通过正念和觉知，我们可以逐渐摆脱头脑对自己的束缚，找到内心真正的自由。

在现代心理学中，正念也被认为是一种有效的心理治疗方法。

通过正念冥想，可以减少自己的压力和焦虑，提升自己的心理健康水平和生活满意度。这与佛教中的修行理念不谋而合，都是通过关注当下，去除内心的杂念，找到内心的平静与自由。

无论是通过宗教修行，还是现代心理学的方法，都是在找到内心的觉知和平静。只有不执着于外在的条条框框，不被头脑中的幻象所迷惑，才能真正体验到生命的自由与智慧。在每一个当下，保持觉知，信任生命的安排，我们就可以在人生的旅途中找到真正的自己和内心的自由。

摆脱抑郁：走向内心平静的实用指南

近年来，"抑郁症"这一话题频繁出现在我们的生活中。事实上，生活中的大多数人或多或少都曾在抑郁的边缘徘徊，区别只在于程度的轻重和持续的时间。

认识抑郁

首先，我们需要了解"抑郁"的根源在于头脑，而头脑并不代表真正的自己。许多人在发现自己深陷抑郁无法正常生活时，会向心理医生寻求帮助。然而，我认为这种方法治标不治本。心理学研究的仍然是头脑层面，心理医生无非是通过头脑疗愈头脑，用一个积极的程序来控制那个消极的程序。通过头脑去解决头脑的问题，永远是无解的。正如我们需要跳出事物本身才能看清其全貌："不识庐山真面目，只缘身在此山中"。

头脑的空闲

人类之所以会抑郁、失眠，是因为头脑太"闲"了。头脑太"闲"会导致两种情况。

1.幻想美好的事物：例如一夜暴富、好运降临、奇迹出现等。这会使人无法脚踏实地，逐渐逃避现实的体验，因为现实的体验再好也比不上头脑的幻想。头脑的工作原理就是通过对比获得一切感受。

2.担忧未来：头脑会担忧那些可能发生且不希望发生的事情，这会导致抑郁和失眠。这种担忧往往是头脑无法处理这些担忧或不作为的结果。例如，头脑告诉你，家里的电源没关可能会导致失火，如果你立刻采取行动（拔掉电源），担忧就会消失。但如果你知道风险却不去行动，担忧就会一直存在。头脑只投射可能出现的情景，却不提供解决方案，这会让你陷入一个无解的循环。

头脑的本质

我们都知道头脑并不是真正的自己。它只是你用来体验人生游戏的一个工具，它的任务是帮你储存记忆、经验，处理问题。然而，陷入抑郁的人，其头脑不仅不解决问题，反而会不断地制造问题，最终导致头脑系统崩溃。

解决办法

解决办法很简单：不让它太"闲"。每天给自己安排满满的计划，比如看书、做喜欢的事、学习新知识等。一切能引起你兴趣的事物都会吸引你的头脑的注意力。但不要勉强自己去做那些头脑不感兴趣的事情，即便它们被认为是积极进步的，因为不感兴趣就无法集中注意力。

这些计划不必被二元对立地区分为必须是社会认知中有意义、积极的事，只要你喜欢、感兴趣就可以。你甚至可以安排看电影、看电视剧、看纪录片、玩游戏、运动等。我所说的"计划"，就是让头脑没有空闲去制造问题。优先安排必须做的事后，你会发现还有大量时间没有安排，为了避免头脑乘虚而入，可以细化这些时间的安排。

与头脑对话

当头脑开始不断地告诉你那些无法让你接受的未来情景时，你要学会与它对话。记住，头脑并不是你，要习惯用第三人称对待头脑中的任何声音和想法，就像皇帝与大臣的对话。你的"大臣"只会无事生非地抛出无数个问题，那么你就让它想办法去解决问题。你要的是解决方案，而不是只抛出问题却不解决导致的担忧与恐惧。让头脑想办法去解决问题，它就没有精力再制造问题。

冥想与禅定

冥想和禅定属于更高层次的存在，这种方法适合有一定经验基础的朋友。当头脑不断地投射担忧和恐惧时，如果你能熟练地进入冥想状态，就无须通过不断地给头脑安排新任务来达到平静和愉悦。

在禅定时，你就是天空，而头脑中的念头如同天空中的云朵，变幻莫测。你可以看着它升起、落下，但不必跟随其中任何一片云。你可以观察这些念头而不当真、不参与、不干涉。这便是"观"。

入定的方法众所周知，即集中注意力于鼻尖呼吸。这是冥想的入门方式和基础，实际上还是利用了前述的方法，通过引导注意力到其他事物上，让头脑无暇投射杂念。然而，最终你甚至需要放下对呼吸的关注，允许一切发生，你只是一个观察者，这些念头随它去，都与你无关。

突破认知：从升维到内在觉醒

提升认知的方法并不是简单地努力提高认知本身，而是要退出现有的认知系统，即升维。以下是关于如何突破认知壁垒的深入探讨。

认知的力量与局限

"认知"这个词我们每天都在听：
- "认知决定一切。"
- "高认知'收割'低认知。"
- "人永远赚不到超过自己认知的钱。"
- "人与人最大的差距在于认知。"
- "你无法解决当前的问题，并不是能力不够，而是认知不够。"

这些观点无不强调认知的重要性。的确，问题的根源在于我们的认知存在局限，当问题达到我们当前认知的上限时，我们必须超越它才能解决。

于是，人们开始思考如何提升认知。常见的路径包括阅读书籍、参加课程、听演讲和在互联网上搜寻信息。这些都是提升认知的尝试，但我们需要更明确的方法和时效性。

1. 如何提升认知？
2. 提升认知需要多长时间？

这些问题决定了我们努力的方向和效果。在错误的方向上努力再多也是徒劳，而提升认知的时效性则关系到问题的及时解决。

提升认知的关键

提升认知并不是简单地提高某一方面的知识储备量，而是注重综合性的多维度发展。真正有效的方法是通过经历和体验获取认知。这类似于在玩游戏时提升"经验值"，只有通过实际体验才能真正实现。

皮亚杰的认知发展理论认为，人类的认知发展是一个逐渐从具体到抽象的过程。通过实践和反思，我们可以达到更高的认知水平。但这种发展是逐步的，需要经历多个阶段。

维果斯基的"最近发展区"理论也指出，人类的认知发展不仅受限于自身的能力，还受到环境和他人的影响。在适当的引导下，我们可以突破现有的认知水平，到达"最近发展区"。

多元智能理论指出，人的智能是多元的，包括逻辑—数学智能、语言智能、空间智能等。提升认知不仅是某一方面的提升，还是多方面的综合发展。

然而，即使我们获得了提升认知的方法，并成功达到了新的认知水平，也只能解决当前水平以下的问题。每当你的认知提升一个层次后，新的认知壁垒又会带来新的问题，如此形成无尽的循环。

跳出问题框架

问题存在的根源是我们的认知。当我们提升认知后，问题也会随之提升。解决方法在于升维：从更高的维度来看待问题。例如，二维空间的问题在三维空间中根本不存在；同理，三维空间的问题在四维空间中也是如此。

四维空间包括时间维度。对于三维空间的生物而言，时间是无法被操控的，但对于四维空间的生物来说，时间只是一个可调节的参数，就像观看电影一样可以随意快进、后退、暂停。

因此，通过提升认知来解决问题并非最佳途径。真正有效的方法是退出制造问题的认知系统。当你放下对某一问题的认知，也就是退出认知系统后，就会发现问题自动消失了，而你也有了更多的选择。

在谈论"退出认知系统"之前，我们需要了解人类的意识层面。

1. 无意识层面： 处于这一层面的人像机器一样执行系统发出的命令，没有自主思考的能力，完全遵循社会上权威的规则。

2. **人性意识层面**：处于此层面的人开始有自主意识，能筛选输入的程序，但仍受制于二元对立，争辩对错是他们的常态。

3. **神性/佛性**：到达这一层面的人脱离了二元对立，允许一切发生，不再有好坏对错之分。这是一种观看而不干预、体验而不控制的状态。

认知与头脑系统

毫无疑问，认知是头脑系统的产物，如果能跳出头脑系统，达到第三层面的观察者意识，就能摆脱认知的限制。然而，大多数人难以做到这一点，因为这需要经历从觉悟到修行的过程。

实际操作：放下认知，即退出认知系统

当我们面临具体的问题时，真正有效的方法是退出制造问题的认知系统，而不是试图通过提升认知来解决问题。放下对某件事的执念，问题就会自动消失。没有什么是"非得不可"的，试试看"我不要了"，你会发现选择更多后，问题也就随之消散。

参考文献

1. Piaget, J. (1977). *The Development of Thought: Equilibration of Cognitive Structures*. Viking Press.

2. Vygotsky, L. S. (1978). *Mind in Society: The Development of Higher Psychological Processes*. Harvard University Press.

3. Gardner, H. (1983). *Frames of Mind: The Theory of Multiple Intelligences*. Basic Books.

第六章

跳出幻象即解脱

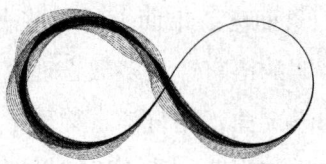

时间并不存在

许多人都无法理解和感知：时间实际上并不存在。不仅如此，甚至空间也仅仅是幻象而已。市面上的一些书籍探讨过这个问题，但几乎都无法用最简明的语言让大多数人理解。很多书籍甚至使用了熵增熵减以及热力学定律，用哲学、物理学、数学的专业术语进行描述，这反而让人更加困惑。我不确定做这些描述的人是否真的理解了，但几乎可以肯定的是，读者往往更加迷茫。现在我尝试用尽可能简单的语言来描述这个问题。

我们常说的时空，是时间与空间的结合。实际上，时间和空间都不存在。时间是幻象，当这个幻象产生后，才有了"运动"这个概念，"运动"又进一步催生出"空间"这个概念。没有时间，也就没有空间。你从未出生，也从未死亡。彼岸没有时间，因此无法产生"当下"这样的焦点和门户，这就是为什么你会不顾一切地来到物质世界，因为你知道只有在这里才能找到归属。对时间的这种描述其实非常难以表达，超出了头脑的理解范围，但这对于我们的日常生活并不重要。我主要讲解"时间不存在"这个真相对于生活在这个幻象中的你有哪些相关的知识和应用。

我们从出生到青年再到老年的状态,其实在无时空状态下是同时存在的。这就像制作动画片时,要针对每个不同的动作分别画出许多张图纸,快速翻阅就形成了动画;又像我们看故事片,整个故事早就被拍好了,主人公从小到老的场景剧情全部存在,只不过我们是一帧一帧地观看的。当你看幼年的主人公时,老年状态的他也早已存在,同时存在于无时空状态下。三维世界需要通过时间幻象一帧一帧地去感受(实际上,生命层面远比这个比喻复杂得多,因为生命层面没有先创作好后再给你看的"先后"概念,它是一个同时发生的状态)。量子力学中的波函数坍缩理论表明,所有可能的状态同时存在,只是我们在观察时才"选择"了一个状态。

既然时间是幻象,那么它必然不是恒定的。时间可以被拉长或缩短。我们使用日历和钟表仅仅是为了得到一个统一的标准计量单位。这就像发明语言是为了方便人们按统一的语言标准交流。我们都认为天是蓝色的,但我无法得知你看到的蓝色是否和我看到的一样。也许你看到的蓝色就是我看到的红色,只不过我们都将它称为蓝色。爱因斯坦的相对论指出,时间并不是绝对的,而是相对的,取决于观察者的速度和引力场。时间膨胀和收缩的现象已经在许多实验中得到验证,如双生子悖论。

你和我现在同时拥有一小时,因为时间只是工具,便于我们在这里体验动态画面。你对一小时这个时间长度的感知是由头脑设定的,即生物钟(你对一小时有个大致的概念)。当你离开头脑层面后,时间就不存在了(例如你无法感知自己睡着后的这段时间,只有醒来后看钟表才能知道过去了一段时间)。实际上,你的一小时时间长度可以变为几个小时的单位长度,虽然钟表显示为一小时,但你感知的时间长度却是以前几个小时的单位长度。

你可以把一小时想象成一块橡皮泥,它可以被人随意拉长和缩短。如果我用某种方式关闭头脑的生物钟去做事情，此刻我的一小时被拉长到三小时，对于你来说还是一小时，但对于我来说却经历了三小时的单位长度。也就是说，你的一小时在我这里变成了三小时，我们都把这段时间称为"一小时"。我没有拉长你的时间，那仅仅是我自己的时间。（我们所有人的世界是独立存在却叠加在一起的，所以你的世界不影响他人，反之亦然。）

心理学中对"时间感知"的研究表明，人类对时间的感知可以被情绪、注意力和其他心理状态所改变。例如，人在等待时会感觉时间过得很慢，而在专注或享受时光时会感觉时间在飞快地流逝。头脑左右不了剧情，也无法对抗生命，但头脑却可以改变时间的长短，这靠的是意识。

我在谈显化时说过，意识虽然也是一种能量，但它无法显化物质层的实相，因为意识和实现的运行速度不同。而且物质层的所有实相都是由你的生命投射的，不是头脑想要就能获得的。但意识可以左右时间的长短，因为它们都是在幻象层面。在神经科学中，有研究表明，人类的大脑在不同状态下对时间的感知会有显著变化。例如，冥想和催眠可以改变大脑对时间流逝的感知。

童年时我们总是期待快点长大，所以童年过得特别漫长；中年人不想老去，所以在工作、结婚后，十年会一晃而过。这都是意识造成的。生命仅负责给你投射每个实相剧情供你体验，但时间并不存在。意识可以延长和缩短时间，未来实相会因你的期待而延后到来，或者会因你的抗拒而提前到来。当前实相会因你的头脑的抗拒而拉长你的体验时间，也会因你的享受而缩短你的体验时间。如果你懂了，就会发现，从时间幻象角度讲，最好的选择是放下期待和对抗，保持平常心，这样才能与生命完美切合。

叠加的世界

如何理解"这个世界没有别人,只有你自己"?

这句话可以从两个不同的层面去理解,它们都是真相。
这两个层面分别是:
1. 从最高层面的生命一体意识角度来解释。
2. 从最高生命层面下降一层到觉层面来解释。

从生命一体意识角度的理解

从生命一体意识的角度来看,你身体的每一个器官都是你,或者说属于你,没有哪个器官在你之外或不属于你。你这所以无法感知到这一点,是因为你的意识"遗忘"了自己是作为一个整体的,你的意识进入了某一个器官,产生了分裂感,以为自己仅仅是其中的某一个器官。

如何能感知到其他器官也是你自己呢?并不是依靠头脑的想象力或外在的行为约束自己模仿一体意识,也不是通过努力学习技巧实现，而是仅仅需要放下你认为自己是某个器官的执念，这样意识便可以回归完整的个体。这个过程被称为回归一体意识，与生命合一。

这种回归的过程并不是为了通过努力得到什么，而是为了放下那些不属于自己的东西。这不是以形式性的限制约束自己，而是放下层层限制，回归无限。正如老子在《道德经》中所言："道常无为而无不为。"放下执念，你便能与整体意识相合。

从觉知层面的理解

头脑总是以为世界上的所有人都生活在同一个剧情里，这导致人类无法理解自己所扮演的角色与他人所扮演的角色之间的关系。你可能通过新闻了解到全球有几十亿人口，但真相是，你的世界里只有与你发生互动的角色才是你的剧情的真实存在，而你通过媒体看到的其他角色并不存在。你的一生中所有与你互动过的人就是你世界的总人数。

这一点类似于本书前面的"到底什么是当下实相"一节的内容。每个人都生活在自己的认知和体验中，所谓"世界"只是我们通过感知和互动构建的主观现实。海德格尔在其存在主义理论中指出，人类的存在是一种被抛入世界的状态，我们通过与世界的互动来定义自己和他人。然而，这种互动本质上是个体化的，每个人的世界都是独一无二的体验。

"这个世界没有别人，只有你自己"这句话从生命一体意识和觉知层面解释，都揭示了个体对世界的独特感知和体验。通过放下执念和觉知自我，个体能够回归生命的本质，与整体意识相合，真正理解"没有别人，只有自己"的深刻含义。

与你直接产生互动的真实存在与你的关系

我们彼此的世界其实并不是同一个世界。我们仅仅是在觉知层面互动，我们的世界有一部分是叠加在一起的，并不是全部叠加。如果你的想象力丰富，就可以将其想象成每个人都创造了一个属于自己的地球，一个所谓的地球上的物质世界。因为每个人创造的这个世界都是一个投影，所以可以在同一个空间叠加。但每个人创造的物质世界也可以独立存在。这就好比在同一个空间投影一百种水果，它们可以彼此叠加在一起，也可以单独存在。

对死亡的理解

如果有一天你死了，你其实毁灭了整个世界——你自己的世界。头脑以为自己死了之后，这个世界上其他人都好好地过着自己的生活，但真相是，你的世界中其他人的生命也跟你一起结束了。在别人创造的那个世界中，你这个角色可能还继续活着，也可能早已不存在。就像昨晚你在梦中创造了包括你自己在内的多个角色，当你醒过来结束那个梦后，你认为昨晚你在梦中创造的那个剧情还在继续进行吗？随着你的醒来，昨晚你在梦中创造的那个剧情会同时结束。

虽然这些概念深奥且超出了头脑能理解的范围，也超出了语言可描述的范围，但在日常生活中却能为我们提供重要的启示。最终理解与否并不影响你的生活。头脑的猎奇性是驱动你探索的动力，但真正重要的是通过实践与内在的觉知来体验生命的本质。

第七章

允许与接纳的力量

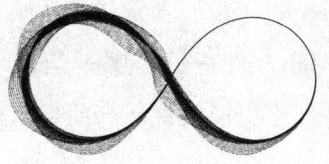

真正的臣服与接纳当下：从无明到智慧的转变

许多人都听说过"臣服"这个词，但很少有人真正理解什么才是真正的臣服。因为无明，我们常常任由头脑对臣服进行分析和曲解，最终产生一堆问题。真正的臣服不是逆来顺受，也不是"躺平""摆烂"，反而是真正积极地生活的前提条件。

什么是臣服？

所谓臣服，仅仅是告诉你要接纳已存在的当下实相（结果）。你不接纳又能怎样？不管你是否接纳已存的实相，它都已经是既成的事实。唯一能帮助你摆脱痛苦的方式就是当下立刻臣服。对当下结果的接纳会立刻让你解脱。实践过的人对此都有深刻体验，没实践过的人则会想象那个体验会是什么样的，从而产生一堆问题。

为什么要臣服和接纳当下实相？

1. 已成事实，不接纳也无济于事：不管你愿不愿意接受，现实已经发生，抗拒只会增加自己的痛苦。

2. 每一个当下都是由你自己创造的。至于为什么会创造这个剧情，我在前文中已讲过，只是你的头脑无法理解，也无须理解。你自己创造的剧情，为什么不去臣服呢？

如果你没有悟到这一层，就无法做到真正的臣服。因为你始终觉得在自己之外有一个存在在捉弄着自己的命运，才导致自己如今的遭遇。或者你总是认为自己的遭遇都是由别人导致的。这种观点可以联系到"镜子效应"。

镜子效应

你就像一个照镜子的人，在镜子里发现自己的脸上有污渍后，就对着镜子破口大骂，把镜子摔得粉碎，也不愿意接受这个事实。你的脸上有污渍是镜子的问题吗？你应该感谢镜子（当下的剧情），没有它，你都不知道自己的身上哪里有污渍。

自由意志与选择

在接受当下结果的同时，你拥有了自由意志，可以做出选择和改变。每一个当下都是崭新的，臣服并不意味着失去了选择权和自由意志。相反，无法臣服的对抗会让你在痛苦中失去选择和改变的权利，连自由意志也会被情绪操控。

回到"镜子效应"，当你照镜子发现自己的脸上有污渍时，首先要接受这个事实。只有接受这个事实，你才能做出下一步的选择——是擦干净还是接受现状不擦？如果你不仅不愿意接受镜子的反馈，反而认为是镜子在故意为难你，才显示出脸上的污渍，那么你就失去了选择改变的权利。道理很简单：你都不认为镜子的反馈是事实，又怎么会做出选择呢？与此同时，你还会因为镜子反馈的结果愤怒，让头脑利用情绪控制了你的自由意志。

选择其实并没有好坏对错之分。重要的是，你一旦做出选择，就要立刻进入下一个当下，接受选择后的任何结果。就这样，不断地臣服于当下，再做出选择。

臣服不代表不作为

臣服不代表不作为。难道臣服后，接纳脸上的污渍，就不能选择把脸洗干净吗？所以，接受和臣服并不等于"躺平""摆烂"、不作为。记住，对于每一个当下，你都有选择的权利，只不过在大部分时间里，头脑和情绪使你看不到前进的路。即使看到了，头脑也会受制于认知和所谓的经验，甚至借鉴别人的经验而主动放弃尝试。别人走不通的路，不见得你不能走；反之亦然。过去你走不通的路，现在不见得走不通。每一个当下都是全新的，你需要的仅仅是去行动，而不是反复分析。分析改变不了什么，唯有行动才能带来下一个全新的当下。

正如老子所说："无为而无不为。"通过放下抗拒与执念，真正活在当下，你就能够找到真正的智慧和内心的平静，从而积极地应对生活中的各种挑战。

控制情绪是个大错误

现代社会的教育体系似乎过于强调控制情绪。从小父母就教导孩子要控制情绪，成年后社会也在继续灌输这种观念，甚至出现了专门的"情绪管理课程"。这种做法实在是本末倒置。

人们常常误解情绪与行为之间的关系。例如，有些人可能会问：如果不控制情绪，是否会因此而破口大骂、摔东西，甚至伤害他人？这种疑问源自对"情绪"的误解。情绪本身是一种内在的感受，由外在的事件引发，而行为是情绪的表达，两者并无必然的因果关系。

情绪的定义

"情绪"一词在汉语中意为人在从事某种活动时产生的兴奋心理状态，或者不愉快、悲伤的情感。由此可见，情绪仅仅是一种内在的感受，不包含任何具体行为。破坏性行为可能源于嫉妒、贪婪等心理动机，而非单纯的情绪反应。

正确理解情绪的含义后，我们可以重新审视其重要性。情绪是生命体验的一部分，可以帮助我们在面对外界的事件时产生内在的感受。这种感受需要被体验和接受，而不是被压抑或控制。情绪是一种能量，而不被接纳的能量会形成能量结。所有的剧情幻象又都是生命为了让我们有机会去完结它才投射给我们的。

体验情绪需要两个步骤：首先，用心去感受当下的情绪，不逃避它；其次，接受和臣服于这种情绪，尤其是被头脑标记为"负面"（实际上，情绪没有正面与负面之分，只是头脑判断的结果而已）的情绪。通过转移注意力或幻想美好事物来控制情绪，只是在逃避真正的体验，错失了完结剧情的机会。

当某件事引发内在的感受时，不逃避、不控制，尽情去体验这种感受。例如，痛苦时就去体验痛苦，恐惧时就去体验恐惧，投入其中，不逃避，要像你感受幸福和快乐一样，不加分别地体验。

当你真正投入地体验情绪时，会发生两件事：第一，你不会因为情绪而做出破坏性行为，因为你完全专注于内在的情绪，头脑无法干涉；第二，体验并接受情绪后，你会感到释然，这种情绪将不再困扰你。能量结被打开后，幻象即可被破。

从现代心理学角度来讲，被压抑的情绪会进入潜意识，等待爆发。逃避和压制情绪并不能消除情绪的能量，反而会使能量积累，最终导致抑郁等心理问题。现代社会的抑郁症多因无法正确接纳和体验情绪，长期逃避导致情绪积压。

情绪的来源

情绪由激发事件 A（activating event）、信念 B（belief）和情绪后果 C（consequence）三个部分组成。

A. 激发事件

激发事件是引发情绪的外部刺激或情境，例如，你在工作中遇到一个难题，或者朋友突然取消了与你的约会。这些事件本身并不会直接导致情绪产生，而是提供了一个情境，让我们内在的信念系统起作用。

B. 信念

信念是我们对激发事件的解释和评价。这部分源自头脑系统。不同的人对同一事件可能有不同的信念，这会直接影响他们的情绪反应。例如，同样是朋友取消约会，一些人可能会认为"朋友不在乎我"，而另一些人可能会觉得"朋友一定有重要的事情"。这些信念是影响情绪反应的核心，因为它们决定了我们如何感受和回应事件。

C. 情绪后果

情绪后果是我们对信念的情绪反应。不同的信念会导致不同的情绪反应。比如，认为"朋友不在乎我"可能会让人感到伤心和愤怒，而认为"朋友一定有重要的事情"则可能会让人得以理解和宽容。因此，情绪后果并不是由激发事件直接引发的，而是由我们对事件的信念所引发的。

我们可以看出，情绪的真正来源并不是外部事件本身，A 仅仅是一个剧情幻象。而我们对这些相的信念和解释才是触发情绪的根源。信念系统就来源于头脑及潜意识。

以下用一个具体的例子来说明这一点：

- **A. 激发事件**：在工作中，你的提案被上司否决。
- **B. 信念**：你相信"上司之所以否决我的提案，是因为我的能力不足"。

- **C. 情绪后果**：你感到沮丧和失望。

如果我们改变信念，情绪后果就会有所不同：

- **A. 激发事件**：在工作中，你的提案被上司否决。
- **B. 信念**：你相信"上司之所以否决我的提案，是因为他希望我做得更好"。
- **C. 情绪后果**：你感觉受到了激励和挑战。

通过以上分析，我们也可以看出，其实一切事件都只是幻象。激发事件只是触发我们内在情绪的导火索，作为一面镜子让我们得以看清内在的问题。真正决定我们情绪反应的是我们对事件的信念和解释。换句话说，情绪并不是由外部事件直接引发的，而是源于我们对这些事件的主观认知和评价。如果头脑中的信念系统对 A 的标记是"喜悦"，人们就会更愿意去体验这种能量。一旦 A 被头脑中的信念系统标记为"痛苦"，通常人们就会选择逃避体验这种能量。当我们能够认清这一点后，我们就能理解为什么要对这些情绪能量做到真正臣服和接纳，而不是逃避或压制。

体验内在感受的力量

不逃避地体验臣服和接纳，意味着我们完结每一个当下实相（剧情）带给我们的内在感受。接纳的是相引发的内在感受，而不是单纯的相本身。

剧情只是一个幻象，幻象是变化无常的，是不存在的东西，它只是一个投影。你去接受这个幻象，却没有真正接纳幻象带给自己的感受，这是毫无意义的。

相存在的意义仅仅是引发你的内在感受，只要感受到了，幻象就完成了它的使命。你不要执着于幻象本身，也不要围绕幻象本身去接纳和臣服，甚至去研究为什么它会发生，这就是"着相"。换句话说，如果你不逃避体验相带给你的内在感受，不管这种感受是什么，你都能够不逃避地去体验它，那么，这个体验的过程就是接纳和臣服。你并不需要臣服幻象本身，不需要臣服于一个根本不存在的东西。很多人在臣服这个问题上完全搞反了，讲到臣服，就认为是必须去臣服当下的整个"相"。如果你臣服和接纳的是这个剧情本身，臣服了一个幻象，就不会有完结的一天，因为幻象是无穷无尽的。

例如，新工作环境让你感到极度不适和压力巨大。你会如何正确地接纳和臣服呢？此刻，你可以闭上眼睛，深入体验当前的情境，看看当下的自己会如何应对。

大部分人的做法是：瞬间感到焦虑，内在的情绪爆发，头脑开始分析各种可能的原因，在幻象中找因果，然后决定是否辞职或者寻求改变。随着时间的推移，焦虑、无助的情绪会不断地累积。如果你决定辞职，或许新的工作环境会使你的情绪好转；如果没有改变，焦虑可能持续并影响你生活的其他方面。最终，可能的结果是时间淡化了这些情绪，而非你真正接纳它们。

整个过程从开始到结束，你都没有真正看到问题的本质并臣服于内在的感受。即便最后被迫接受，也仅仅是接纳了一个幻象。你的生命把这个情境投射给你的目的是引发你内在的感受，让你有机会去体验和接纳它。

真正的接纳和臣服，是不逃避地体验每一个情境带给你的内在感受，就在当下臣服，直面这些感受，去体验和接纳它们，臣服后再看看生命会给你什么礼物。消除恐惧最好的方法就是去直面恐惧，勇敢地走过去拥抱那些被头脑标记为"负面"的情绪，这样你会发现它们瞬间消失得无影无踪。

如果你在当下发自内心地接纳和臣服，这种情境可能会很自然地改变，无须你去刻意行动。真正臣服于当下之后，生命会推着你进入下一个情境。如果你能做到每一次都只关注内在的感受而非外在的情境，你的人生将会发生深刻的变化，这种变化将会体现在你生活的方方面面。

在实相体验中发现生命的真谛

你所有的感受、体验、臣服和接纳都存在于当下的实相中，而不在头脑的想象里，更不在过去和未来。所谓当下的实相，就是当下你与其他人和事物之间发生的实实在在的互动与剧情体验，涵盖你"五感"之内的一切，即你能看到、听到、触摸到的真实体验。这并不是过去已经发生的事情，不是昨天发生的事情，不是上午发生的事情，甚至不是刚刚发生的事情，而是一种正在发生的实相，稍纵即逝。只要实相剧情改变，那个当下就已经不存在了。它仅仅存在于你头脑的记忆中，这时再去体验那个感受已经毫无意义了。你需要立刻放下，紧跟新的实相，体验新的当下。

如果上一个当下已结束，而你还沉浸在头脑的记忆中继续去感受，那么你反而错过了一个又一个当下。这时候，所谓的感受，也根本不是对当下实相的体验，那只不过是你头脑中的记忆在"播放电影"。头脑认为记忆是真实发生的实相，实际上记忆仅仅是头脑的错觉。对于你的头脑而言，过去发生的事情真的不存在。不仅过去发生的事不存在了，如果你此刻坐在客厅里，那么你家的卧室、厨房、卫生间、你的邻居、你家附近的商店和马路等，在你的世界里实际上已经不存在，只有当你走过去的时候它们才会真正被投射出来。

这就如同游戏地图一样，游戏中的小人儿没有走到的位置会是一片黑暗，那里暂时没有被你的生命投射任何能量。只有当你走过去的时候，生命才会在此时此刻为你投射出那个位置的物体。与此同时，你刚刚离开的位置其实已经变成一片黑暗，不存在于你的世界里。你可能觉得自己坐在家里，但你的邻居以及你家的厨房和卧室都存在着，那仅仅是头脑在用记忆给你编故事、骗你。虽然大多数人可能无法真正感受到这一点，但真相确实如此。只有极少数异常敏感的人偶尔能够发现人类头脑中的这个缺陷、故障（这可能是一个很难被头脑理解的概念）。头脑依靠记忆将一个个原本不存在因果联系的片段全部串联起来，才创造了一个虚假的"我"。

脑科学研究指出，头脑往往通过构建虚假的因果联系来解释世界，这是一种认知偏见。丹尼尔·卡尼曼在其著作《思考，快与慢》中探讨了系统1（快速、直觉性思考）和系统2（缓慢、逻辑性思考）的区别，揭示了人类思维的偏差和错觉。

你就这样被头脑欺骗，一生都以为这个被头脑创造出来的"我"是真实存在的。小时候的你，甚至昨天的你，与此时此刻的你，并不是同一个存在，那只不过是一个个不同的当下片段。但你的头脑会将它们串联起来，让你觉得自己是从过去走到现在，以后还要走向未来。如果你能将这种联系全部切割成每一个当下实相，每一个当下都是崭新且没有任何联系的，一个当下过去就立刻将其放下，你就会越来越明白宇宙和生命的真相。

大多数人一辈子只有到死亡的那一刻才突然发现，原来"我"根本不存在，但实相剧情却已结束。这也就是为什么说开悟就是让"我"死亡，这不是肉体的死亡，而是向死而生。

最终，你会经历这个虚假的"我"死亡之后再重生，才能活出自己。有人说，他由于一直按照体验实相剧情的感受去做，结果反而感到更难受了，很多天都无法释怀。其实这早已离开了实相，进入了头脑中的记忆重塑的幻想剧情中去了。头脑中的记忆所创建的幻想剧情不在物质空间，因此不受时空限制。你可以沉浸在其中很久很久，甚至一生。这就像很多时候人们会说："这件事我终生无法释怀，每次只要想起来就难受得哭泣，犹如刚刚发生一样。"这一点与物质世界的实相恰恰相反，实相受到时空的制约，因此，无论是再好或再糟糕的经历，都会随着时空的转变而消失，只不过头脑中的记忆将它保留下来了而已。

物理学中的相对论告诉我们，物质世界的一切现象都受到时间和空间的限制。任何事件都会随着时间的推移而逐渐远去，最终消失在我们的感官体验中，即实相受限于当下的"五感"体验，随着时间和空间的变化而变化。人的头脑在处理记忆时，并不会严格按照时间顺序进行。心理学家埃德尔·托尔文提出的"时间旅行"理论指出，在强调通过记忆重现过去的事件时，我们的情感和感受会重新浮现，仿佛事件刚刚发生一样。

每个人的一天都需要经历无数个实相体验，而实相始终在变化。如果你一直沉浸在过去实相的剧情中，那么你就被一个早已不存在的剧情带走了。在这几天里，你错过了无数个当下，一直活在头脑中那个早已过去的剧情幻象中无法自拔。困住你的只是头脑而已，你所谓的几天体验的感受不过是幻象。你在头脑制造的幻象里体验着所谓的感受，就像在看电视剧时伤心而流泪一样。剧情跟你的人生毫无关系，你只不过是入相了，把自己带进去了而已。

佛经中为何说"远离颠倒梦想，究竟涅槃"？这是因为物质世界中头脑系统的规则几乎全部与真相颠倒。一些人追求一生稳定：稳定的工作、稳定的收入、稳定的关系……他们害怕改变。然而，生命的本质是体验不同的实相，勇敢地做出改变。你此生的目的正是在有限的时间内尽可能多地体验实相带来的感受。就如同玩游戏，你最大的成就感来自尽可能开拓整张地图，而不是把自己限制在一个狭小的区域内。对于生命而言，体验本身没有好坏之分。对于头脑来说，逃避所谓不好的体验，也意味着错过了它认为好的体验。

许多人困惑于无法分辨想法是内心的直觉还是头脑的产物。既然分不清，又何必执着于将它分清呢？直接去行动，不就好了吗？因为行动带来了新的实相体验。只要是出现的实相，都是你的生命地图投射给你的道路。为什么还要纠结呢？那些不属于你的生命地图上的路，你无论如何也走不通。

行动的重要性在于，它能带来实相的快速变化。就像阅读漫画书一样，行动带来的实相变化如同你不停地翻看下一页。你翻页越快，体验到的剧情就越多、越丰富。如果你不积极地行动，只能被时间的幻象推着缓慢地翻页。别人可能一周内看完一本书，而你可能需要一年时间。那么，别人是不是比你知道的内容更多？如果只给你们相同的时间翻阅这本书，你根本看不了几页，而别人已经看完了。

人生不就是这样吗？如果我们都活到八九十岁，别人已经把人生这本书的每一页都体验过了，而你可能只翻看了几页。你如何确认自己是在不断地开拓生命地图，还是在原地打转？就是通过实相体验的数量和多样性。实相体验越是多样，就意味着你在不同方向上有越多的拓展。

很多人一辈子都受制于头脑系统，一切行动都必须经过头脑的认可，要遵循头脑所谓的价值、利益和目的的指引，否则就不行动。有时候，即使有目的、有利益、有价值的行动，也会因为头脑的不确定、恐惧以及对未来的过度推理而放弃。然而，生命的意义就在于更多地体验，仅此而已。

许多人想知道，通过阅读书籍和从互联网上获取信息，是否算是一种实相体验？从本质上讲，你阅读我的文字，包括阅读圣贤的书，这些都只是在体验"文字相"，并不是你的实相体验。实相是通过体验获得的，你从文字中不可能直接进入生命的轨道之门，那扇门只有你在当下与生命聚焦时才会开启。然而，我的文字可以作为一块指路牌指引方向。当你在文字中看到我描述的方向后，你还是需要回到自己的生命地图上去行动。因为你与生命的接轨都是在你生活中的每一个当下实相和每一个细节体验中，而不是在我的文字中。

头脑总是想抓取一个确定的答案，等到一切都完美了再行动，而生命则需要你在行动中悟出一切真相。头脑中想象的感觉和实际体验的感觉是截然不同的，这一原则即便用于你曾经体验过的事物也是一样的。你能够想象到的那种感受与真实体验到的感受完全不同。

就像我们可以想象做某项工作的感受会是怎样，但是，当你真正做这项工作的时候，你的真实体验感绝对会与想象中的不同。

实相体验都是生命投射给你的，不管头脑认为它是好还是不好。从生命的角度来看，它一定对你有利。然而，非实相体验因为产自二元对立的物质世界，本身就有好坏、对错、左右、前后、黑白等二元性，所以在非实相体验中，你遇到的任何情况都会有两面性。

总而言之，回归之路没有对与错，只有不同的路径。我所谓的指路牌，只是我告诉你的路线，但如果你执着于相，由于在物质世界中接触到的相属于二元对立的存在，今天接触的相指导你向右走，明天接触的相又指导你向左走，你走了一辈子其实还在原地打转。这就是为什么强调要多去做实相体验。跟随实相走，那一直都是生命的直接投射指引，那是朝着一个固定方向的行走。生命的巨大能量会一直推着你前行。

对自己百分之百坦诚

对自己坦诚的意义

对自己坦诚是开悟、觉醒、与生命合一的前提条件。一个人如果对自己不坦诚,就无法进入真正的临在状态。许多修行一辈子的人在最后一步止步不前,原因往往是他们对自己还不够坦诚。走进自己内心那扇门需要百分之百坦诚,卸下头脑的所有伪装才是开悟的正确密码。

什么是对自己坦诚?

对自己坦诚不仅是表面上的心口合一,更是对内心的彻底接纳。这包括面对自己的阴暗面、恐惧、欲望和弱点。对自己坦诚意味着不逃避、不掩饰,直面内心的每一个角落。只有当我们真正接受自己的一切时,我们才能实现内心的和谐与平静。

如何实现对自己坦诚？

1. 自我反省与内省

自我反省是对自己坦诚的重要方法。每天花时间问问自己：我今天的行为和想法是否真正符合自己的内心？我在逃避什么？这种内省需要极大的勇气，因为它迫使我们直面内心最深处的恐惧和不安。

2. 直面阴暗面

每个人都有不愿意直面的阴暗面，包括嫉妒、愤怒、恐惧和欲望。对自己坦诚意味着直面这些阴暗面，承认它们存在，并找到与之共处的方法。荣格心理学提出"阴影"概念，即个人的潜意识中被压抑的部分。通过直面和整合阴暗面，我们才能达到完整的自我。

3. 记录情绪

记录自己的情绪和反应有助于深入了解自己。通过书写，我们可以更清晰地看到内心的波动，并找到引发情绪的真实原因。

接受自己的不完美

从生命一体意识的角度来看，一切事物的存在都已经是完美状态，而物质世界却被头脑区分并贴上了二元对立的标签。完美主义是对自己坦诚的巨大障碍。那么，我们就要学会接受自己的"不完美"，理解每个人都有"缺点"，这是实现对自己坦诚的重要一步。通过接纳自己的"不完美"，可以减轻自己内心的压力，找到内在的平衡，从而坦诚地面对自己的内心。

禅修中的自我探索

禅修是一种通过冥想和内省来探索自我的方法。在禅修过程中，修行者被要求放下所有的思维定式，直面内心的每一个感受和想法。通过长期的禅修实践，许多人能够剥离头脑的层层伪装，直面自己的内心，从而实现对自己百分之百坦诚。

心理治疗中的自我接纳

在心理治疗中，治疗师常常帮助患者直面和接受他们的内心世界。通过与治疗师对话，患者能够逐步揭开自己内心的伤疤，承认自己的脆弱和不足。这个过程虽然痛苦，但对于心理健康和自我接纳来说至关重要。

如何实现心与脑的和谐？

1. 觉知的重要性

觉知是一种对自身感受和内心状态的清晰认识。通过培养觉知，我们可以更好地倾听内心的声音，而不是被头脑中的噪声淹没。如果你无法在生活中保持觉知，可以借助冥想练习等方式。但请记住，这些方法仅仅是工具，如果可以在日常生活中的每一个当下保持觉知，其实根本就无须借助任何工具。

2. 平衡心与脑

要实现心与脑的和谐，我们需要让心成为主导者，而脑作为辅助工具。具体来说，在面对重要决策时，首先要倾听内心的声音，问问自己真正想要什么，然后利用脑的分析能力来制订实现目标的计划，最终将权力交给心而非脑。

3. 接受心发出的声音

接受心发出的声音意味着要尊重与信任自己的直觉和感受。很多时候，我们会因为头脑的分析而忽略内心的直觉，实际上内心的直觉具有很高的准确度。心永远都是诚实的，头脑总是会欺骗我们或使我们被表象蒙蔽。

你可以多观察年龄很小的孩子，他们其实都在教你如何诚实地面对自己，不伪装自己的感受。

很多人都在问，到底什么才是内心的想法，什么又是头脑的想法呢？其实，只要你诚实地面对自己的内心，就能知道内心的想法。你不能区分心与脑，只不过是因为还不能做到对自己的内心百分之百诚实而已。有时候，你的头脑受社会教育和认知体系制约，总是会告诉自己应该怎么做才对。你不能接受自己内心的想法与自己的认知范围、道德信仰、价值观等有冲突，你选择了压抑自己内心的真实想法，跟着头脑走了。

当你开始对自己的内心诚实的时候，你就会体验到临在状态，智慧就这样从心里流淌了出来。你没有问题，因为对于所有的问题，你的内心都有答案。心知道的与脑知道的简直不成比例。

心的智慧与本体连接

心连接着生命的本体，它发出的信息直接而纯粹，无须你过滤。内心的指引常常来自深层的直觉和对整体生命路径的洞察。与头脑不同，心的指引不是基于你过去的经验，而是与当前生命的本质和整体方向相连。因此，心的指引往往能够为你带来更和谐、丰富的生活体验。

一个真实的案例

一位成功的企业家,在公司经营中遇到了重大决策困境。头脑告诉他应该继续扩张市场,因为数据分析显示这是最有利可图的选择。然而,他的内心却感觉到公司需要暂时停下来,优化内部管理。他的内心深处似乎有一种莫名的危机感,促使他做出了与常规分析相悖的决定。

最终,他选择听从内心的指引,停下公司的扩张步伐,专注于提升内部效率。为了说服董事会,他强调了公司内部流程的优化潜力和未来长期健康发展的重要性,尽管这一决策在当时显得冒险且不合常理。经过一段时间的调整,公司在内部管理、资源配置和员工培训等方面都取得了显著的进步。

几个月后,突如其来的金融危机席卷全球,大量同行业的公司因资金链断裂而倒闭,市场需求骤降,竞争激烈,而他的公司由于之前的决策,拥有了充足的现金流和更加灵活高效的内部管理系统,得以在困境中保持稳健地运营。

不仅如此,他的公司在随后几年中,不仅成功度过了危机,还利用行业重组的机会迅速扩张,占据了更多的市场份额。事实证明,他的内心似乎早已感知到了即将到来的危机,而头脑却无法跨越时间维度获取这些信息。内心的决定证明了它早已知晓剧本,这使公司避开了灾难,奠定了未来发展的基础。

这段经历让他深刻地体会到心脑合作的重要性:头脑可以进行逻辑分析和数据处理,但内心的直觉和深层次的感知能够使他看到更远的未来,提供更全面的指导。通过倾听内心,他不仅拯救了公司,还为公司未来的发展开辟了新道路。

真正放下：心灵的觉知与自在

何为真正放下？它并不是简单地将某物扔掉或不再需要某物，而是内心深处一种无所谓的态度。这种态度源自内在的觉知，而非外在的行为表现。

内在觉知与外在行为

外在行为，无论是自己的还是他人的，仅仅是表象（幻象），真正的本质在于内在的觉知。当你能够在每个当下保持无所谓的态度，顺其自然时，你便可以获得大自在，超越世间的种种限制与因果轮回。这正是完全觉醒和开悟的状态。

语言在表述这种状态时往往受限，容易被头脑曲解。许多人在修行路上因误解了圣贤的智慧而走向了相反的方向。当然，并非所有圣贤的智慧都能揭示真相，但我们讨论的是真实的部分。

佛教中的放下：莲花的故事

在佛教中，有一个关于莲花的寓言故事。莲花生于淤泥中，却不染污泥，清洁纯净。这象征一个人即使生活在充满欲望和困扰的世间，也可以通过内在的觉知和无所谓的态度，保持心灵的清净和觉悟。正如佛陀所言："诸行无常，是生灭法；生灭灭已，寂灭为乐。"真正放下，是在无常的世界中实现内心的宁静和自在。

修行的误区

许多圣贤文化强调放下物质世界的一切东西，以到达智慧的彼岸，这导致一些人抛家弃子，远离红尘。然而，真正放下并不是拒绝或追求，而是稳稳地站在中间，不偏不倚。生命给予的就接纳，不给予也接受。

许多人将修行等同于去过两袖清风、孤家寡人的生活，认为修行人不应拥有财富、权力、地位或爱情。他们以为通过行为上的放下可以达到开悟，但这种做法往往适得其反。真正的无念不是逃避或克制念头，而是允许念头自生自灭，不批判、不控制、不跟随。

内心的放下与行为的无所谓

要想找回真正的自己，与生命合一，就必须放下物质世界的一切执着。这并不意味着抛弃拥有的所有东西，而是在每一个当下，对物质世界保持既珍惜又无所谓的态度。要珍惜当前所拥有的一切，同时明白这些只是幻象，瞬间失去也无所谓。

真正放下是从内心出发，而非从头脑出发。大自在是在内心放下一切限制后获得的精神状态。帮助他人时，根据内心的真实感受做出行为，而不是依据头脑的认知限制（如道德、教育、福报、从众心理、他人的眼光等）作出决定。

　　切换到内在系统，你会发现做一切决定都不再纠结，没有限制，没有目的，变得非常简单。真正放下，是内心深处的一种觉知与自在，是在每个当下无所谓的态度，是顺其自然的无欲无求，它最终能让我们获得真正的自由与大自在。

梦的解析：完成与接纳的过程

这里我们讨论的梦并没有任何隐喻，指的就是我们在每天晚上睡着后做的梦。如果你已经理解了每一个当下实相体验的来源，那么我们可以进一步了解一个与之相似的现象——梦。

实相与梦境的关系

回顾前文提到的问题：你在物质世界的所有剧情都是那些未完成的能量结来制造的不同场景，给予你机会去完成与接纳。

在梦境中，我们也会经历各种关于人和事物的剧情。梦里的体验感与现实世界的体验感几乎一样，但又有不同之处。人人都会做梦，这种感受不言而喻。梦中的场景有时缺乏逻辑，这是因为你的头脑未完全启动，而逻辑又源自头脑，但这一点并不重要。

梦境的来源与现实的关系

梦中的剧情与现实生活中的实相的来源一致，都是为了将未完成变成已完成。如果你能够在梦里完成这些未完成的任务，进行臣服与接纳，那么这个能量结同样也可以被消除，这意味着不再需要将其投射到现实世界中让你去体验。

例如，一个人一直不敢面对某些事物，或者一直担心或害怕某些事情，那么在梦中出现这种剧情，也是生命投射的场景，目的是让你在梦中去臣服与接纳，将其变成已完成状态。一旦你在梦中不再逃避，臣服与接纳了，那么这个能量结就已完成，也就不需要再将其投射到你的现实生活中。

梦境与头脑的解析

许多人喜欢用头脑去分析梦境，试图找寻原因，但这完全没有必要。梦境与现实实相一样，表象千变万化，剧情和人物各异，你要看的是本质——生命要求你去臣服与接纳的东西，而不是梦中的人和事物。

实际案例解析

举一个实际的例子。我曾经做过这样一个梦：在梦里，我置身于一片无边无际的沙漠中，烈日炙烤着大地，空气中充满了焦灼和孤独的气息。我感到一阵莫名的恐惧和无助，因为我不知道该如何走出这片荒凉的沙漠。

突然，远处出现了一个模糊的身影，慢慢地向我走来。随着她逐渐靠近，我发现那竟是另一个我——一个脸上充满了愤怒和焦虑的自己。这是我内心深处一直不愿意面对的一面,一个充满了未解情结和未能实现期望的自我。

看到她,我感到内心的抗拒和不安不断地加剧,想要逃离。然而,我意识到这是一个难得的机会,可以在梦中直面并接纳自己内心的阴暗面。我深吸一口气,决定不再逃避,慢慢地向她走去。

当我们面对面站立时,我可以感受到她身上散发出的强烈情绪。我的心中充满了复杂的感情,但我知道这是自己必须面对和接纳的一部分。我轻声对她说:"你是我内心的一部分,我一直在逃避你,但现在我愿意面对你,接纳你。"

她的表情逐渐柔和下来,脸上的愤怒和焦虑也开始消退。我伸出手,与她紧紧地握手,感到一股温暖的力量从心底升起。伴随着这个动作,周围的沙漠逐渐变成了一片绿洲,清凉的泉水和茂密的植被取代了荒凉的沙地,整个场景变得生机勃勃。

在梦中，我与那个愤怒和焦虑的自己和解，内心感到前所未有的平静与释然。梦境结束后，我进入了深沉的无梦睡眠状态。早晨醒来后，我感到前所未有的轻松和解脱。我明白，这段梦境帮助我完成了对自己内心深处未完成部分的接纳与和解。

自那以后，我的生活中再也没有出现过这个能量结的投射。那个曾经困扰我的幻象已经被我彻底破除。我知道，在现实生活中，我不再被这些内在的阴暗面所困扰，心灵变得更加平静与自在。

通过这个案例，我们可以看到梦境与现实生活中的体验一样，都是为了帮助我们完成未完成的任务。通过臣服与接纳，我们能够实现内心的宁静与自在，真正面对和解除内心深处的未解之结。

无条件地爱自己

你唯一需要做的事情便是无条件地爱自己。然而,看似简单的道理,却被大多数人视而不见,甚至难以真正践行。

何为"自己"?这个问题催人深思。或许你会回答:"我就是生命的本质。"若如此,爱自己便意味着去爱一切生命,去爱一切存在,无条件、无差别地爱。从终极真相的视角而言,这种认知无疑是正确的。然而,此时此刻,你真的能够全然地体验到这一层面的真实吗?你真的能感知到他人亦是你自己,万物都与你共生共存于一体吗?

显然,对于绝大多数人而言,这种境界近乎遥不可及。如果你无法切身感受自己即是整个生命,那么执着于"我与生命一体"的信念,只不过是一种自欺。这种不诚实的自我认知,不仅无助于你接近真理,甚至使你与真正的爱背道而驰。

也许你仅仅通过头脑构建了一个逻辑:将他人设想为你自己,将万物幻想成一体,并试图以此逻辑约束自己的行为,去迎合头脑认定的"正确之道"。事实上,你依旧困在头脑的幻象之中,无法逃出来。这种所谓的"大爱",不过是头脑编织的虚妄剧场,而非源自内心深处的真实体验。

内心的真实与自我坦诚

你必须对内心保持绝对的坦诚。只有你在此刻能感知到的那个自己,才是坦诚又真实的。唯有无条件地接纳和爱这个真实的自己,才能称为真正的自爱。

物质世界如同一面无限延展的镜子,它会映射出无数个你,以各种形态、面貌呈现。然而,这些投影终究只是幻象,是本源的折射。你需要始终保持觉知,清醒地认识到,在这纷繁复杂的影像之中,唯有一个是真实存在的——那个投影的源头。

这个源头,不在外界,也不属于任何形式的投射,而是深藏于你内心的实相。它与物质世界的幻象和外在的定义无关。它就是你的灵魂,是你不变的觉知,是你存在的核心。唯有认知并珍爱这一点,你才能与真正的自我合而为一。

头脑与身体不是真正的你,它们不过是暂时供你使用的外壳与工具,真正的你存在于你内心的感受之中。那么,心究竟是什么?心,就是感受本身。你在人世间体验到的一切,无论是头脑制造的幻象,还是感官接触到的现实,最终都归结为心的感受,心的体验。这个心,正是所谓的"觉"。一切感受,无论被贴上怎样的标签,实际上都是由"觉"在承载。

无论是被头脑定义为"积极"的感受——喜悦、激动、被爱;还是被归为"消极"的感受——无助、失落、恐惧、内疚,真正承载这些体验的,始终是你的内心,而非头脑。头脑的功能不过是编织故事、赋予意义、贴上标签,从而引导你的内心产生各种情绪体验。而能够真正感受这些情绪的,才是你的本源自我。因此,最值得你关注的是这些感受本身，而最应该无条件地去爱的是你的感受，因为心才是你存在的真谛。

当你热情地讲述"自我"的时候，常常会不自觉地拍着胸膛，而不是指着额头。这一看似无意的动作，恰恰揭示了你内在的认知：真正的自我居于内心，而非头脑。这份本能的直觉昭示着，如果你能对自己的内心做到百分之百坦诚，就能真正达到自爱的境界，并从中汲取无尽的力量与智慧。

回到本源的问题：什么是爱自己？爱自己，就是无条件地尊重与追随内心的感受，而非受制于头脑的框架与逻辑。如果你的内心渴望体验某种行为，而头脑却出于习惯、规则或恐惧而加以限制，那么你要勇敢地突破头脑的束缚，果断地遵循内心的指引去行动。

大多数人无法真正爱自己的原因可以归结为两个核心障碍。

第一，头脑的限制。

头脑好比一套编程精密的系统，将外界灌输的物质世界的规则深植其中。这套系统定义了善恶、美丑、是非对错等一系列认知框架，牢牢地束缚了我们的行为与思维。大多数人一生都被禁锢在这套系统中，将它视为唯一的真理，殊不知自己早已沦为系统的囚徒。

当内心那个真实的自己试图追求某种体验，却与头脑中的规则发生冲突时，头脑总是会强硬地予以拒绝。这种拒绝并非基于真实的自我，而是基于外界输入的条条框框，以及头脑对于得失的权衡。于是，你便用一个虚假的系统，亲手将自己的本真囚禁，你所有的选择与行动都要经过这套程序的"许可"。而那个真实的自我，只能被囚禁在头脑的高墙之内，无助地呐喊、挣扎。试问，处在这种自我压抑的境地，何谈爱自己？

第二，自我责难。

这个障碍是将所有不符合头脑预期的结果，毫无保留地归咎于自己。任何让自己不满意的经历，都会触发内疚、自责，甚至使自己无止境地批判：觉得自己不够好、不够聪明、不够成功，仿佛一切错误都源于自己的"不足"。这种苛责并未让自己变得更强大，反而让自己内心真实的自我一次次被撕裂、伤害。在内疚与批判的重压下，那个真实的自我无处逃遁，只能蜷缩于内心深处，孤独而无助。这样的状态，真的是自爱吗？

停止自我责难

停止自责、内疚与悔恨吧。你从未犯过错，也不可能犯错。那些被头脑认定为"失误"或"失败"的经历，其实不过是生命为你精心安排的一部分。你存在于这个物质世界中，仅仅是一个体验者，犹如坐在副驾驶座上，跟随生命的流转而前行，又怎会有所谓的"过失"？

头脑总是执着于控制与定义，将种种经历贴上成功或失败等标签，试图赋予它们一种虚假的绝对意义。然而，在更深的层面上，每一次选择、每一次经历，都没有偏离生命的轨迹半步。所有的痛苦与喜悦、挣扎与释放，都是生命的舞蹈，是为了让你体验它的广阔与深邃。

你何必为那些所谓的"失败"感到内疚，又何必为过去的选择深深地自责？所有的一切都恰如其分地构成了你生命的独特篇章。你没有任何理由不去无条件地爱自己，因为你本就是完美的，你走的每一步都意义深刻。

许多人终其一生都困在自责、内疚和悔恨的泥沼中，总是认为如果当初的选择不同，或者自己再努力一些，今天的一切就会截然不同。然而，这些想法全都源自头脑虚妄的投射，其唯一的目的是给内心制造沉重的压力，让你始终无法原谅自己。

当一个人深陷于内疚、自责与悔恨的幻象中时，他爱的能力便被削耗殆尽。他不仅无法爱自己，甚至开始厌恶自己，折磨自己，试图以各种方式惩罚那个"犯错"的自我。但真相是，如果此刻抹去自己所有的记忆，将自己送回十年、二十年前的某个时刻，你的人生轨迹依然会一帧不差地演变至今日的样子，不会有丝毫改变。

为什么会这样？因为你的人生剧本早已由生命安排妥当，而每一次选择都源于你当下的认知。这种认知，并非凭空而来，它源于你所处的环境以及未醒觉的意识状态。这一切皆由生命与因果的力量推动，而非个人的"错误"所能改变。

所以，不要再听从头脑挑拨的声音，不要再对自己施以无休止的惩罚。你必须明白，你的觉知从未出错，因为在这如梦似幻的世界中，本就无所谓真正的"错误"。你的经历只是未醒悟的觉知在剧本中的反复体验，这并不是罪过，而是生命的自然流转。

请不要吝惜对自己的爱。试问，你有什么理由不爱自己？那些经历和选择不过是幻象的一部分，你却是真实的存在。你怎么忍心对这份真实的自我吝啬怜惜？只有接纳并爱上自己的全部，才能带着觉知穿越迷雾，走向自由的真境。

真正的自我与内心的觉知

真正爱自己，是无条件地倾听并追随内心的感受，用行动回应那份真实的召唤，而非被植入头脑的种种观念束缚。这些观念不过是你在物质世界中习得的规则与框架，然而，它们从未定义过你的本质。

爱自己，也意味着全然地接纳自己，无论自己做了什么，无论此刻自己的状态是怎样的，都应明白这一切只是生命剧本中的一部分。你，作为觉知的存在，并无能力改写这个剧本，因为剧本本身正是为了让你体验各种感受与情境而设的。你的唯一任务是活在这场体验中，感受它，理解它，而非对自己或他人心生苛责。

因此，你何错之有？既然这一切都在生命的安排之内，又有什么理由苛责或否定自己？无须与他人比较，无须因别人的剧本而感到羡慕或鄙视，因为剧本不同，体验便不同。倘若你拥有他的剧本，你的人生也会如他一样展开；倘若他拥有你的剧本，他也将走你的路。

真正爱自己，是尊重自己的独特剧本，珍惜它赋予自己的一切体验，因为这才是生命的本质。而你，只需坦然地接纳这一切，让觉知与爱成为你走的每一步路的指引。

爱自己的力量与生命的回应

为什么说"你有多爱自己，生命就有多爱你"？因为生命的本质是一种无限的螺旋分型结构，局部与整体相互映射，最小与最大彼此呼应。每一片树叶的脉络，每一个原子的排列，都是整个宇宙的缩影，而你作为觉知的核心，同样也是整个生命的微观再现。

每个人都生活在自己创造的世界里。这个世界中的所有存在，无论是人、事，还是环境，皆是你内在的分型投射，从微观到宏观无不如此。在这无数的分型中，唯有你内在的"觉"是这一切的源头，是所有投射的源代码。你不是分型的一部分，而是生命本源的创造者。

当你无条件地爱自己时，源代码的振动频率便会改变，随即，你的整个世界也会以爱回应你；而当你厌恶自己时，这种振动频率会被反射回你的现实，世界便显现出讨厌你的样貌。这种关系就如同你置身于一个有无数面镜子的房间，无数个镜像映射出无数个你。然而，只有一个是真实的核心——那个内在的"觉"。

当你温柔地抚摸真实的自我时，镜子中的影像也会温柔地回馈你；但若你对自己施加伤害，所有镜像也会给你回馈同样的痛苦。许多人误以为世界不爱他们，事实上，仅仅是他们未曾真正爱自己。镜子里的画面始终只是内心真实状态的反射。

你就是世界的创造者，而爱自己就是改变源代码的钥匙。你的每一个感受、每一种态度，都会通过无数的分型显化到你的世界中。生命没有偏见，它只会单纯地映射你给予自己的爱或拒绝。爱自己，就是让生命的镜面呈现出最和谐美好的景象，让整个宇宙与你的觉知融为一体，共同在爱的频率中跳动。

教育的缺失与真实的和解

我们从小就被教导要去爱别人、宽恕别人、原谅别人，却几乎从未学过如何去爱自己。这是一个误区。事实上，你反反复复所追求的，正是与自己达成和解。然而，讽刺的是，几乎所有人都忽略了这个唯一真实存在的源代码——你自己，而是执迷于剧情的幻象，试图解决其中那些层出不穷的问题。

你必须明白，幻象中的问题永远不会有尽头，因为它们的根源并不在外部，而在你的内心。你的内心是投影的源头，而外在的幕布不过是你对自己的态度的真实反映。如果你不断地委屈和压抑内心那个真实的自我，只为了迎合头脑这台机器认为"正确"或"有价值"的事情，那么，你认为在这无数面镜子中反射出的世界会是什么样子呢？

局部即是整体，你的觉知是生命本身的分型。你对待自己的方式，便是生命对待它自己的方式，而你实际上就是生命本身。换句话说，你对自己的态度，决定了生命如何回应你。这是宇宙运行的本质法则，而非头脑惯性思维中的因果报应。

遗憾的是，人类的思维正好倒置。人们总是认为，只要对别人友善、牺牲自己、成全他人，就能获得"好报"；甚至认为压抑自己内心的真实渴望，为他人奉献，才是真正的大爱。但这样的观念完全是对爱的误解。真正的大爱并非来自自我压抑或牺牲，而是源自对自己内心的无条件接纳与珍视。

唯有当你学会真正爱自己，理解并尊重自己的感受时，你才有能力去感知他人真实的内心，并给予他们真正的爱。爱自己并不是自私，而是接触生命本源的第一步。只有从这个源头出发，你的爱才能如涟漪般向外扩展，最终与万物融为一体。

无条件地爱自己，就是极度自私吗？

许多人会质疑，无条件地爱自己是否等同于极度自私。其实，爱自己与头脑所定义的"自私"完全是两回事。无条件地爱自己，意味着在任何情境下，都能够聆听并尊重内心真实的声音，用行动回应内心的召唤。这种选择有时可能看起来是"自私"，但有时却完全不是。

比如，有人请求你的帮助，但你的内心并不愿意。这时，你选择拒绝，因为你不想违背内心的意愿去迎合头脑的逻辑：害怕拒绝后会让对方失望，或者担心以后自己遇到困难时得不到帮助。在这个情境下，尽管拒绝可能符合头脑给你贴上的"自私"标签，实际上，你只是选择忠于内心，而非屈从于社会的期待或教育的束缚。

再来看另一个场景：当你遇到一个乞讨者时，你的内心生起强烈的愿望去帮助他，这种愿望是纯粹的、没有理由的。但头脑却开始用过去的经验来干预，比如，提醒你曾经类似的举动让你遭遇了误解和麻烦。尽管内心依然渴望伸出援手，你却选择听从头脑的警告，没有行动。在这个例子中，虽然从表面上看你避免了头脑给你贴上"行为冒失"的标签，但你并未真正爱自己，因为你压抑了自己内心的真实声音。

由此可见，无条件地爱自己并不等同于自私。真正的自爱，是对内心的尊重，是对自己真实感受的忠诚，而不是被头脑的逻辑、经验和社会的规范牵制。爱自己可能表现为看似"自私"的拒绝，也可能表现为无私的善意与关怀。关键在于，你的每一个行动是源自内心，还是头脑的评判。

所以，无条件地爱自己与"自私"没有必然联系。真正的自爱，只是一种对内心的觉知与接纳，是摆脱头脑束缚的自由选择。当你从内心深处尊重自己时，你的行动便会自然和谐，超越头脑定义的界限。

如何区分内在的声音和头脑的声音？

区分内在的声音与头脑的声音的确是一个复杂且微妙的过程。内在的声音代表了我们的本真意愿和直觉，它直接联结着心灵深处的觉知。而头脑的声音则偏重于逻辑、理性和对社会期望的响应。以下从特征与理论角度分析两者的差异，并提供更清晰的辨别方法。

内在的声音的特征：

内在的声音常伴随一种即时的喜悦与满足。当你顺应内心真实的愿望去行动时，通常会在当下感受到一种发自内心的幸福感，而不需要外界的认可或结果的回馈。心理学研究指出，内在动机与更高层次的幸福感和自我实现紧密相关（德西和瑞安，Deci & Ryan,

2000年）。这表明，当行动出于内在的驱动，而非外在的压力时，人们更能感受到真实的快乐。

内在的声音常通过直觉展现。直觉是一种无须刻意推理而瞬间获得的理解，它直接来源于我们内心深处的真实感受。研究表明，直觉反应通常在情感和感知的深层次基础上快速出现，具有极高的准确性（吉仁泽，Gigerenzer, 2007年）。如果决定或选择能带来内心的安宁感，而不是挣扎与矛盾，那往往是内在的声音的体现。

头脑的声音的特征：

头脑的声音建立在逻辑推理之上，并关注未来的可能性或结果的收益。例如，一个人可能选择坚持某项学习或工作，不是因为热爱，而是为了在未来达到某个目标。这种动机根植于头脑对时间与结果的关注，而非对当下的全然投入与享受。头脑的声音通常需要分析和评估，却往往忽略了当下的内在感受。

那么，如何在日常生活中简单地辨别两者呢？

当面临选择时，不妨问自己：

这件事情是否让我感到即时的喜悦与内心的安宁？

我是否在行动中听到了自己真实的渴望？

如果没有社会的期待或结果的驱动，我是否依然愿意这么做？

这些问题可以帮助你更清晰地区分内在的声音与头脑的声音。记住，内在的声音通常能带来轻盈和满足，而头脑的声音则更多地源自分析、逻辑和推理。

一个人如果每天坚持从事某项工作或学习某个学科，而且在这个过程中持续体验到喜悦与满足，那么这可能是他内在的声音在引导他。他真正热爱这个过程，并在每次学习新知识或完成工作的过程中感到由衷的充实和快乐。

另一个人同样每天坚持自律地学习或工作，但推动他的主要动力却是未来的某个目标，比如更好的职业机会或经济上的成功。他秉持"先苦后甜"的观念，逼迫自己面对并不喜欢的事情，仅仅为了迎合头脑描绘的未来愿景。在这种情况下，他的行为更多地源于头脑的声音，而非内心的召唤。

结论

辨别内在的声音与头脑的声音，关键在于关注当下的感受与动机。如果你在做某件事时能感到即时的喜悦和满足，这通常是内在的声音的体现；而如果你的动力主要依赖于逻辑推理、未来的结果或外界的压力，那么这很可能是头脑的驱使。内在的声音往往都是当下即喜悦，过程即满足；而头脑的声音通常是为你许诺"未来会有喜悦"的幻象。

不过，当内在的声音与头脑的声音并无冲突时，你也无须执着于辨别其来源。如果想做，你就去做，不想做，就停下来，让一切顺其自然。当感受到内心与头脑发生矛盾时，最重要的是倾听内在的声音，关注自己的真实感受。

内在的镜像：从爱自我到爱外界

在上一节中，我们探讨了内心世界与外界表现之间的关系。许多智慧的经典都指出，外界只是内心的镜子，反映出我们内心的真实状态。然而，关键的一点常被忽略：这面镜子投射的实际上是我们对自己的态度，而非我们对他人的态度。

内心的态度是关键

首先要理解的是，外界所反映的是我们如何对待自己内心的感受，而不是我们如何对待他人。例如，有些人对他人友善、宽容，甚至慷慨，却常常遭受欺骗、误解和算计。出现这种现象的根本原因在于，他们可能没有真正关注和善待自己内心的感受。

这种情形可以通过以下几点来解释：

1. 对待自己的内心：我们如何对待自己的内心，决定了外界如何对待我们。若我们的内心充满自我批评和自我怀疑，外界便会投射出类似的负面反馈。反之，如果我们能充分地爱和接纳自己，外界也会相应地给予我们更多的理解和支持。

2. 镜子的隐喻：生活中的人际关系和经历，实际上是我们内心态度的投射。若我们在内心深处感到自己不配得到善待和尊重，那么即使外界对他人友善，我们也难以获得相应的回报。这就像我们在面对镜子时，若发现自己的脸上有污渍，那么我们要做的不是擦镜子，而是清洁自己的脸。

具体案例分析

有些人困惑于自己对别人友善，却遭受不公平的待遇。他们对别人宽容和理解，却得不到回报；他们慷慨地待人，却被人算计。

出现这种现象的原因是他们忽视了关注和善待自己的内心。

举个例子，一个人每天忙于帮助他人，试图通过外界的认可来获得自我价值。然而，他忽视了自己内心真正的需求和感受，最终导致自己的内心不满足和疲惫，外界的回应也因此越来越负面。这都是由于他没有先善待自己。

改变从内心开始

要打破这个循环，需要从以下几个方面入手：

1. 关注内心的感受：学会倾听自己内在的声音，关注自己的真实感受，而不仅仅满足外界的期待和要求。心理学家卡尔·罗杰斯提出的"自我接纳"理论指出，一个人只有完全接受和爱自己，其内心才能获得真正的平静和满足。

2. 内在的改变优先：在面对外界的挑战和困难时，首先要反思自己内心的状态，而不是一味地试图改变外界。正如《道德经》中所说："知人者智，自知者明。胜人者有力，自胜者强。"只有先改变自己的内心，外界的变化才会随之而来。

3. 实践自爱和自我关怀：培养自爱和自我关怀的习惯，如通过冥想、写日记和自我反思来增强内心的力量。正念疗法也强调，通过关注当下和自我接纳，可提升内在的幸福感和满足感。

外界是我们内心的镜子，投射出我们对自己的态度。要改变外界的反馈，首先需要改变我们对待自己内心的方式。通过关注内心的感受、优先进行内在的改变，并实践自爱和自我关怀，我们才能在镜子中看到一个更加和谐美好的世界。

内在的自我与外界的现实

在生活中，我们常常试图通过改变外界来寻求内心的平静和满足。这就像试图修改复印件，而不去关注原件。复印件只是原件的复制品，如果原件有瑕疵，复印件自然会如实地反映出这些瑕疵。要想真正改变复印件的内容，唯一有效的办法是直接修改原件。同理，只有改变我们内心的态度和感受，外界的现实才能随之改变。

无条件地爱自己，不仅是头脑中狭隘的角色去爱，还有对内心真实感受的接纳和关怀。这个"自己"并非只是我们的肉身和所扮演的角色，还有我们内心深处的觉知和感受。

1. 内在的感受与角色的区别：我们所扮演的角色和肉身只是外在的表象，真正的"自我"是内在的觉知和感受。无论我们的外在角色如何变换，内在的感受和觉知才是真正自我的核心。

2. 内在的感受的动态性：内在的感受并不是固定不变的，它会随着环境和经历不断地变化。我们需要学会坦诚地面对和接纳自己内在的感受，无论它们是愉悦的还是痛苦的。

我们的行为应该遵循内在的感受，而不是外在的表象或头脑的逻辑判断。有时候，看似对自己所扮演的角色有利的行为，对内心未必是有益的；而看似不利于自己所扮演的角色的行为，可能恰恰是遵从内心的表现。

1. 个人的行为与角色：有些行为从表面看似乎对角色和肉身有好处，例如旅游、购物、享受美食等，这些行为满足了角色的需求，实际上也是在满足内在的愉悦感。

2. 帮助他人与内在的感受：当我们心甘情愿地帮助他人时，即使身体疲惫，我们的内心却感到满足和喜悦，也是对内在感受的遵循。头脑可能认为这样的行为对角色不利，实际上它符合我们内在的真实需求。

外在的剧情与内在的真实

头脑喜欢用外在的剧情来判断行为正确与否，但真正重要的是内在感受的真实。在某些情况下，遵从内在感受的行为可能看起来是自私的，事实上，这正是对自己最好的关爱。

有些人在危急时刻奋不顾身地救人，这是他们在那一刻遵从内在感受的表现，而不是听从头脑的逻辑分析。这种行为虽然看似对角色和肉身不利，实际上是对内在感受的尊重和爱护。

相反，有些人在危难时刻选择保护自己，这也是一种对内在感受的遵循。每个人在不同的当下，内在的感受和需求不同，外在的行为也会因此而异。

停止自责：接纳自己的每一个瞬间

我们需要停止自责和内疚，因为这些情绪都是头脑制造的幻象。我们的一切经历都是注定的体验，内在的感受才是真实的存在。

就像一棵树无法决定自己成为桌子、板凳还是艺术品，我们所扮演的角色也让我们无法完全掌控自己的命运。接纳自己，爱自己，才能跳出自责的循环，获得内心的平静。

我们在生活中的每一个体验都有意义，无论结果如何。只有接纳和爱自己，我们才能真正理解和珍惜生活中的每一个瞬间。

改变外界的唯一方法是首先改变自己的内心，无条件地爱自己，关注自己内在的真实感受，而不是外在的角色和表象。只有接纳自己、停止自责，我们才能在生活中获得真正的平静和满足。生活中的一切经历，都是我们内心态度的投射，只有内在的感受才是真实的存在。

自爱的循环

回到生命分型原理，生命的每一个部分都蕴含着整体。最大即最小，局部即整体，一个细胞代表整个宇宙，一叶一菩提。这一原则可以帮助我们理解为何无条件地爱自己是如此重要。

你爱自己（内心）＝生命爱它自己＝生命爱你。当你无条件地爱自己时，你实际上是在与整个生命的本质产生共鸣。爱自己不仅是个人的行为，而且是宇宙爱的体现。这种爱会反映在你周围的世界中，形成良性的循环。

你不爱自己＝生命不爱它自己＝生命不爱你。如果你不能爱自己，你的内心将充满负面情绪和自我否定。这种内在的自我厌弃会投射到外界，使你感觉生命不爱和不关怀你。

你责怪自己＝生命责怪它自己＝生命责怪你。自责不仅会影响你的内心世界，还会在外界找到回应。生命中的各种不顺遂和挫折，实际上都是你在内心自责的投射。

你觉得自己不够好＝生命认为它自己不够好＝生命认为你不够

好。自卑和不满不仅限制了你的发展，也影响了你对世界的看法和体验。生命会以各种方式反馈你内心的不满足感，让你永远觉得自己不够好。

你放过自己＝生命放过它自己＝生命放过你。当你学会放过自己，接受自己的不完美时，你的内心会变得平和与宽容。生命也会因此放过你，让你感受到更多的自由和轻松。

通过理解生命分型原理，我们明白了爱自己不仅是个人的需求，更是整个宇宙和谐的表现。无条件地爱自己，是让外界和谐的第一步。每一个细胞、每一个念头、每一个行为，都在反映我们内心的状态。爱自己，意味着爱整个生命。反之亦然，不爱自己，也是在否定整个生命的价值。

自爱是让外界和谐的重要途径。通过爱自己，我们可以影响并改善外部世界，实现内心与外界的和谐统一。这不仅是一种个人的行为，更是对整个宇宙中生命的爱与接纳。

第八章

人间游戏怎么玩

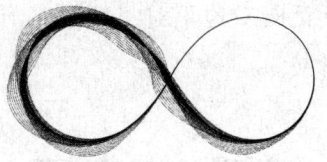

跳出头脑系统的自由

有人说,开悟的人生就像是"开挂"一样,充满了无限的喜悦和自在。其实,这句话既对也不对,关键在于如何理解"开悟"以及"开挂"的真正含义。

开悟的状态:从头脑到觉知的转变

开悟的人生之所以被认为是"开挂",是因为开悟意味着与头脑彻底脱离,不再被头脑系统控制和干扰,而把头脑当作工具使用。开悟之人把自己生命的运行轨道从头脑系统切换到了内在觉知(生命系统)。在那些仍然活在头脑系统中的人看来,这就如同进入了一个神一样的状态。

1. **头脑系统的局限性**:物质世界的"陷阱"——纠结、烦恼、担忧、恐惧等,都是头脑系统的产物。所有的问题实际上都是头脑制造出来的障碍。因此,一旦跳出头脑系统,切换到内在觉知,以上所有问题都不再存在。

2. 内在觉知的自由：当一个人不再被自己的头脑限制时，生活中就只有喜悦、自在和无限的可能。在旁人看来，这种状态确实像是"开挂"。

头脑系统的形成与局限

头脑系统是我们从出生以来，一点一滴建立起来的约束和限制系统。一个新生儿的头脑就像一台全新的电脑，没有安装任何程序。随着成长和接受教育，父母和社会不断地给这台电脑输入知识和经验（限制），这些知识和经验既帮助他解决问题，也在制造新的问题和限制。

新生儿无法用头脑做出抉择，他们的一切行为都来自内在的觉知，与头脑无关。这种状态既无知又全知，就像完全活在当下。

在成长过程中，我们学到了各种知识和经验，这些知识和经验在为我们提供便利的同时，也在限制我们的思维和行为。我们的头脑被这些知识和经验限制，无法超越已有的认知。

知识的两面性与系统的切换

在物质世界中，任何事物都不绝对，都具有两面性。知识和经验既可以帮助我们，也会限制我们。要想彻底解脱，就必须切换到另一个系统——内在觉知。

活在头脑系统中的人，面对任何抉择，都是依据头脑中已有的认知来判断。超出这些认知的事物，他们就无法做出判断。这正如有人所说："你无法赚到自己认知以外的钱。"因为头脑无法判断未知的东西。如果认知里根本没有这种东西，他连考虑这种可能性的机会都没有。

只有切换到内在觉知，超越头脑的局限，我们才能真正体验到生活的无限可能和自由。这时候，头脑只是一个工具，而非我们的主人。

真正地生活：跳出头脑的束缚

许多人一直以为他们的头脑就是他们自己，实际上，他们从未真正生活过。头脑只是一个工具，我们只有跳出头脑的束缚，回到内在觉知，才能真正体验到生命的本质和自由。

只有在内在觉知的状态下，我们才能体验到真正的生活，感受到生命的无限喜悦和自在。

开悟的人生之所以被认为是"开挂"，是因为开悟意味着跳出了头脑系统的限制，进入了内在觉知的自由状态。在这种状态下，生活中的一切问题和烦恼都不再存在，只有无限的喜悦和自在。要实现这种状态，需要我们无条件地爱自己，接纳自己的内在感受，超越头脑的局限，真正活在当下。

跳出头脑的束缚：迈向真正的觉知与自由

每个人成长的环境、所受的家庭教育和社会教育等都不同，因此面对同一件事，不同的人会做出完全不同的决策。这种差异反映了每个人头脑系统中被输入了不同的程序。我们常见到他人因为观点不同而争执不休，实际上，这些争执只是不同的程序在彼此冲突。

每个人头脑中的程序是不同的，这导致他们对同一事件有不同的反应。例如，面对乞讨者，有的人会出于善恶道德观给予乞讨者帮助，而有的人会无视，还有的人会采取极端行为，这些都是头脑程序运作下的不同表现。

我们的喜好、性格、三观等，都是头脑系统中的程序，并不是真正的自我。这些程序决定了我们的行为和决策，而我们误以为这些就是我们自己。

内在觉知的力量

要真正了解自己，超越头脑的限制，我们需要跳出头脑系统，进入内在觉知。只有这样，我们才能摆脱头脑的控制，做出真正发自内心的决策。

如果我们能调换头脑中的程序，决策就会完全不同。这说明，我们的行为并不是出自真正的自我，而是头脑程序的产物。

进入内在觉知，使用生命系统来进行决策，可以摆脱头脑的限制。这时，我们的行为才是出自真正的自我，这样的行为才是真正的善。

跳出头脑的误区

许多人误以为可以通过改变头脑系统来提升自我，实际上，这是不可能的。头脑系统的坚不可摧使得我们无法改变它。

我们的信念系统是头脑程序的产物，试图在头脑内部改变信念是徒劳的。就像试图通过健身来抬起自己一样，这是不可能的。

只有跳出头脑系统，进入生命系统，我们才能真正解脱。站在头脑之外，我们就可以操控它，让它为我们在物质世界的体验服务。

真正的觉知与自由

头脑系统对我们来说看似无懈可击，但在内在觉知的视角下，它只是一个工具而已。我们需要跳出头脑的束缚，迈向真正的自由。

1. 头脑的局限性：我们之所以感觉身心疲惫，处处是陷阱，是因为我们被头脑控制，而不是控制它。

2. 觉知的超越：通过内在觉知，我们可以看到头脑的全貌，超越它的局限。这样，我们的行为和决策才是真正自由的。每个人的头脑系统因输入了不同的知识和经验而形成独特的程序，这些程序决定了我们的行为和决策。然而，头脑系统的局限性使我们无法真正认识和了解自己。只有跳出头脑系统，进入内在觉知，我们才能摆脱头脑的控制，获得真正的自由。也只有这样，我们的行为才是真正发自内心的善。

头脑系统与生命系统的区别

1. 对权威和偶像的态度

头脑系统运行的人

- 遇到超出自己认知的人，容易产生崇拜和跟随心理。他们的头脑会完全被对方控制，把对方说的话当作真理。
- 面对专家、学者、名人等，他们会模仿和追随，甚至会对一些被美化、包装的人物产生强烈的崇拜。

生命系统运行的人

- 不会有超越自己的圣人存在，因为他们知道自己就是自己世界的一切。
- 无论面对总统还是乞丐，他们都一视同仁，既没有优越感，也没有自卑感。他们不会被不同角色的身份所影响。
- 即使面对佛陀或耶稣，只要与自己的内在感受不一致，他们也会遵从自己的内心，不会由于对方的身份而否定自己。

2. 情绪和陷阱

头脑系统运行的人

- 贪、嗔、痴、恐是通病。这些"情绪程序"是头脑系统的初始装置。
- 物质世界的陷阱和骗局大多利用了这些情绪。例如,贪心会让人陷入各种骗局,嗔怒会让人失去理智,痴迷会让人沉迷于一些事物无法自拔,恐惧会让人被控制和操纵。

生命系统运行的人

- 没有贪、嗔、痴、恐,行为由内在的感受驱动,而不是由头脑中的程序控制。
- 面对任何情景都会根据内在的感受行事,不会被外界的话语和情景影响。
- 面对恐惧和威胁,能够允许一切发生,不会被控制。即便面对死亡,也能坦然接受,因为他们知道一切都是生命的安排。

3. 对外界情景的反应

头脑系统运行的人

- 容易受到外界情景及话语的暗示而产生行为反应。
- 头脑喜欢听故事,并把故事当真。例如,听了销售的故事后购买原本不需要的东西,看了电视剧后产生消费行为等。
- 被头脑控制的人生是被动的人生,许多决策并不是出于自己的意愿,而是被头脑所控制。

生命系统运行的人

- 外界的变化不会影响内心的判断,他们的决策和行动基于内心的感受。
- 头脑只是一个工具。他们会观察头脑的建议,但最终的决策由内在感受作出。
- 他们不会被头脑的幻想所迷惑，行为基于真实的内在需求。

4. 行为判断与内在动机
头脑系统运行的人
- 习惯根据行为的表象去判断和模仿，容易被虚构的剧本影响。
- 生活中很多行为是模仿别人的剧本，而不是出于自己的真实感受。
- 行为背后的动机大多是头脑中的程序，而不是内在觉知。

生命系统运行的人
- 关注行为背后的内在动机，真正的善行来自内在觉知的指引。
- 行为的表象并不重要，重要的是行为背后的动机是否来自内在的感受。
- 即便行为看似极端，只要是受内在觉知的指引，都是符合生命系统的真善。

要真正跳出头脑的限制，进入内在觉知的自由状态，关键在于跳出头脑系统，运用生命系统来决策和行动。头脑系统带来的限制和陷阱可以通过内在觉知去超越。只有通过内在感受行动，遵循生命的自然流动，才能真正体验到生活的喜悦和自在。凡是出自内在动机的行为都是真善，凡是出自头脑动机的行为都不能算是真善。只有跳出头脑系统，进入生命系统，我们才能摆脱头脑的控制，获得真正的自由，实现生活的喜悦和爱、大自在。

大自在：从目的性中解脱

在禅宗的经典故事中，有这样一段对话：弟子问师傅，开悟前和开悟后的区别是什么。师傅回答道，开悟前，上山是为了砍柴，砍柴是为了烧水，烧水是为了做饭，做饭是为了吃饱肚子，吃饱肚子是为了继续诵经念佛；开悟后，上山就是上山，砍柴就是砍柴，烧水就是烧水，做饭就是做饭，吃饭就是吃饭，念佛就是念佛。通过这个简短的故事，我们可以领悟到悟者的真实生活状态。这也是本节要探讨的主题——大自在。

大自在的内涵

所谓大自在，就是在世间没有任何事物能够束缚你，想做什么就做什么。你对结果无所期待、无所要求（无论结果如何，都无所谓），也不再纠缠于已经过去的事情。这样的人生状态，难道不是极大的自在吗？实际上，世间的束缚只是表象，真正从最高层面醒悟的人，不仅超越了世间的限制，甚至超越了时间和空间的限制，这才是大自在。

开悟前后的差异

从前述故事中，我们可以发现一个显著的不同点：在开悟后，你做任何事都没有了目的性。这种无目的性在生活中至关重要，因为几乎所有的痛苦和困扰都是由目的性引发的。一旦没有了目的性，一切都成为最好的安排。

举个例子，你努力学习是为了考研、考职称等一系列目标。一旦目标没有实现，你的付出越多，内心就越难以释怀。你喜欢一个人并追求他，目的是获得他的回应。一旦没有获得回应，你就会感到痛苦。你花钱让孩子上更好的学校，目的是希望他能学有所成，但一旦孩子的表现不如预期，你就会痛苦万分。这样的例子数不胜数。

探索无目的性的生活

如果你静下心来思考有哪件事是完全没有目的性的，就会发现几乎没有任何一件事是不带有目的性的。甚至连你认为出于善意帮助别人，实际上也隐藏着某种目的性：你需要回报，哪怕回报仅仅是说一句"谢谢"。如果你付出了善意甚至金钱帮助他人，那个人却连一句感谢的话都没有，你就一定会感到不舒服。为什么会这样？因为你没有得到期待的结果。你需要别人的认可和回报。

这种目的性有时被隐藏，有时穿上了爱的、善的或道德的外衣。但只要你对自己足够诚实，就会发现，即使表面上看似没有目的性，它也仍然存在。

无目的性的自在

没有目的性，你就不会感到失望和痛苦。在这个物质世界，人们甚至被教育或者灌输这样的观念：做事一定要有明确的目的性，知道自己想要什么才去做。然而，这种观念完全是颠倒的。真正的无目的性，就像自由落体一样自在洒脱，没有任何阻碍或反抗。这种自在的状态，简直无法用语言描述，只有亲身体验，才能感受到其中无穷的妙趣。

贪嗔痴恐：目的性的根源

目的性涵盖了头脑中的一切贪嗔痴恐。这些欲望和恐惧若不存在，还有什么能束缚你？世间几乎所有能限制你的事物，都源自你的欲望、贪婪和恐惧。只要你有想要得到的任何人和事物，这个世界就会有无数种"套路"迎合你的欲望；只要你有恐惧，这个世界同样会有无数种方式"收割"你。

超越欲望和恐惧

你想得到钱，就会有各种教你如何赚钱的团体等着你，包括显化之类的方法。你想要开悟，就会有各种灵性社团等着你。总之，想要得到什么就是目的性，那么必然会有相应的限制在等待你。你恐惧衰老，所以医疗或美容机构会等着你；你恐惧疾病，所以卖保健品的商家会等着你。这些例子只是冰山一角，它们的本质都是利用你的贪婪和恐惧。

如果你能够做到允许一切发生，让一切如其所是，会是什么样的状态？所谓去目的性，并不是说你什么都不能做，而是你可以自由地选择自己想做、想去体验的任何事，只不过没有了期待与目的性，对于结果无所谓。

回到本节开头的故事，你会发现一个不变的元素：开悟之前的生活是每天上山、砍柴、烧水、做饭、吃饭、念佛；开悟之后还是每天上山、砍柴、烧水、做饭、吃饭、念佛。头脑不要总是认为悟者的生活场景完全改变了，与其他人的不同。这是一种妄想和偏见。开悟前后做着同样的事，只不过心境不同，是去了目的性、得了大自在而已。

偏见与中庸之道

我曾经遇到过一位自称"醒悟"了的家长，他不让孩子接触正常的教育。他认为自己觉醒了，所以不让孩子像其他孩子一样去读普通学校。他选择自己种地，自给自足，不吃外面卖的任何食物。其实，这也是一种入相。凡事寻求中庸之道，真正的醒悟一定是大自在、无束缚，而不是把自己推到墙角无法动弹。

大自在是一种无目的性的生活智慧，是对世间一切束缚的超越，是对自我的解放。在这种状态下，你会发现生活中的每一件事物都变得纯粹而简单。正如故事中的师傅所说，开悟后，上山就是上山而非为了砍柴，砍柴就是砍柴而非为了烧水，烧水就是烧水而非为了做饭，做饭就是做饭而非为了吃饭，吃饭就是吃饭而非为了念佛，念佛就是念佛而非为了开悟。你看，去目的性后是不是就不再被结果牵制了？这样的生活，才是真正的大自在。

无目的的目的也是目的

为了实现真正的自在，许多人试图在头脑中寻求"无目的"，但这是一个矛盾，因为头脑本身就是目的的产物。即使你在试图做事时不抱任何目的，但这本身也是一种目的。因此，我所讲述的一切不能仅仅从字面意义上理解，必须用心去领悟。如果你将这些道理置于头脑中运作，只会被困在头脑的牢笼里，愈加迷茫、困惑和束手无策。

真正的无目的是指内心彻底无目的，这样才能实现真正的自在。目的可以分为表层目的和隐藏目的。表层目的很容易被自己察觉，而隐藏目的则较难被自己发现，这也是许多人觉得自己没有目的却仍然感到有得失心的原因。

表层目的与隐藏目的

在心理学中，动机理论指出，人类的行为由各种内在和外在的动机驱动。表层目的通常是显而易见的动机，例如想获得金钱、地位或名誉，而隐藏目的则是潜意识中的动机，例如寻求认可、避免失败或追求安全感。只有深入了解自己的内在动机，才能真正实现无目的的自在。

实例分析：资助贫困儿童

举个例子，你可能认为做一件事只是出于兴趣爱好，与金钱、利益无关，也不期望从他人那里获得回报。这是表层无目的。然而，许多人无法察觉自己在做这件事时其实还有隐藏目的。只有当你把隐藏目的去除，你才能真正实现无目的的自在。

例如，你十年如一日地资助贫困山区的一个孩子，认为自己无目的，既不求名也不求利，更不期望孩子将来回报你。然而，多年后，当你发现这个孩子大学毕业后再也不联系你，甚至把你"拉黑"，你会感到失落甚至愤怒。这表明你还是有目的的，你需要对方认可你的付出。隐藏目的未被满足，自然会产生不满情绪。

爱情与隐藏的动机

恋爱中你投入大量时间和情感，最后却未能与对方走到一起，这时你会感到伤心，因为你与对方交往是有目的的。其实，真正的体验是在每一个当下，结果反而不重要。心理学家亚伯拉罕·马斯洛的需求层次理论指出，人类的需求是从基础的生理需求逐步上升到自我实现需求。恋爱中的隐藏目的可能是寻求安全感、归属感或自我价值感，当这些需求未被满足时，人们自然会感到失落和痛苦。

养育孩子与期望

养育孩子也是如此。如果孩子长大后不孝顺，不如你所期望的那样出色，你会感到失望，因为你养育他是有目的的，也就是期望孩子回报你的爱。实际上，每一个当下的美好体验才是最珍贵的。教育学家约翰·杜威强调，教育的本质在于体验过程而非最终的结果。只有父母无条件地爱孩子，享受与孩子相处的每一个瞬间，父母才能真正体会到养育孩子的快乐和意义。

学习与成就

比如，你努力学习是为了考取理想的学校或得到好的工作机会，但一旦未能如愿，你就会觉得过去的努力都白费了。然而，若能活在当下，无目的地努力，结果就只是当下的一种存在，与多年来的付出无关。每一个当下的体验才是最重要的，结果可有可无。真正的生活只存在于当下，而不是过去或未来。若能专注于当下的每一个瞬间，就能实现内心的平静和满足。

大多数人追逐结果，因此患得患失，错过了当下的体验。结果始终在那里，无须追逐，而当下的体验一旦错过，便不复存在。佛教哲学强调无常和无我，认为一切皆在变化，执着于结果只会让自己痛苦。只有放下执念，才能真正享受每一个当下的体验，实现内心的自在和平静。

总而言之，要想实现真正的自在，我们需要深入理解自己的内心，识别并去除隐藏的动机，专注于每一个当下的体验。通过这种方式，我们不仅能实现内心的平静与满足，还能在纷繁复杂的世界中保持真正的自在。这是一种深刻的智慧和生活艺术，需要我们不断地修炼和实践。

探索内在觉知：打破头脑程序的自我限制

头脑的自我设限

当我们说，你只需要遵从自己的内心感受行动，不要违背自己的内心时，头脑思维的人往往无法理解，他们会觉得：这岂不是太自私了吗？说什么、做什么都是只考虑自己的内心感受，不需要顾及他人的感受吗？

头脑思维的人确实绕不出自己给自己设置的程序。头脑无法想象内在动机到底是个什么存在。它只能按照自己的理解，认为内在动机也可能跟它一样有限。头脑评判好坏善恶美丑等的一切依据，都是你提前给它输入进去的，就像给机器人输入程序一样。机器人在面对一个问题时该如何评判、抉择、行动，都取决于你怎样给它设置程序。它的运行永远不会超越你给它输入的程序。

头脑运行的一切依据都是内部程序，也就是你事先给它输入进去的所谓善恶是非以及三观等，然后你再告诉它何为对、何为错。它就像一台机器，按照这些限制性标准去执行一切。这台电脑在遇到程序更多、更强的电脑时，就会选择参照更强的那台电脑（它崇拜或多数电脑认同的电脑）行行，并且认为那就是它自己的程序。

换个思维角度来看，假如我们给一台什么程序都未安装的电脑（头脑）安装了一个全新的程序，并给这个程序设置了运行规则：乱扔垃圾是最好的，收拾整洁是最不被认可的，抢别人的东西越多越好，分享自己的东西是最坏的行为……以此类推，也就是说，我们将与物质世界中一切规则相反的规则全部安装进这台电脑（头脑）里面，那么你再看看这台电脑（头脑）会如何评判善恶美丑好坏。那就与你现在看到的完全相反了。

由此可见，头脑系统对于善恶美丑好坏的一切评判标准根本就不是取决于稳定不变的真相，而是取决于你给它输入了什么程序。

头脑更无法理解为什么根据内心的想法做出的任何行为，即便是被头脑系统判定为恶意、自私、违反道德的行为，也是真善。因为内在就是那个"觉"，每个人内在的那个"觉"其实就如同相连的神经元，也就是一体意识。你也可以理解为，每个人的内在觉知是彼此相连的。内在动机来自生命一体意识，而非头脑中的程序运行规则。

我们讲的这一切，包括你也是我，我也是你，我们是相连的整体，其实都不属于头脑层面的东西。当我们被头脑系统限制的时候，你就是你，我就是我，我们之间毫无联系，更谈不上所谓的一体。我们所讲的一体，就是跳转到生命轨道，也就是回到内在觉知，只有这样，你才能体会到我们是一体的，你就是我，我就是你。

这就是人们困惑的地方：都说我们是一体的，你就是我，但为什么我觉察不到你的感受？你痛苦的时候或许我正在经历开心，你的财产受损失的时候我却名利双收。我完全无法感受到我们为什么是一体的。其实，原因就在于你认为自己就是你的头脑，在头脑系统的概念下，我们不能算是一体的，我们是独立存在的个体。当我这个个体跟你这个个体面对一块蛋糕的时候，我只希望自己分到最大的一部分甚至全部。如果我愿意分出一部分给你，那也不是因为我善良友好，而仅仅是因为我的头脑里面的程序被设置了限制而已。所以，我一直在讲，头脑世界无真善，一切都仅仅是个程序而已。

你之所以会觉得一个人很自私，凡事都从自己的内心出发，毫不考虑别人的感受，是因为你还在用头脑系统考虑这个根本不属于头脑系统的问题。你的头脑系统按照你自己的认知进行了分析，认为从自己内心出发的行为肯定就是自私自利的，其实，你的头脑甚至都不知道内在觉知到底是什么。只有从头脑出发的行为才是自私自利的，内心不存在"自私"这个概念。内在动机来自生命一体意识，依据它进行的一切行为皆为真善和大爱。其实我很想用文字把这个东西讲明白，但是我发现这似乎是不可能的。你永远无法用三维世界里有限的语言和文字相去讲清楚那个大到不成比例的生命本体。用了几十万个字后，我认为自己想表达的重点几乎都没有表达出来。

我用一个例子来帮你更好地理解这个层面，希望能让你内在的"觉"突然发现这个部分。

如果你把生命一体意识想象成你这个人整体，那么，此刻你的每一个细胞、每一个器官都分别有了意识。你作为手指这个器官有了意识，你就会发现，你自己是完全独立存在的，你虽然能看到其他身体器官，但那是别人，与你无关。其他器官受伤、流血，你也不会感觉到疼。对于其他器官来讲，你这根手指也一样是别人。如果你能把这根手指的意识拉回到作为这个人的整体意识上来，就会发现，你是分不出你我的。就如同你现在作为一个整体的人类而言,你身体的任何一个器官都是你,没有一个别人存在。当你作为一根手指有了意识的时候,你可能会因为旁边另一根手指妨碍了自己而跟它大打出手,严重的话你甚至想把那根手指剁掉,让它消失才好。如果你回到作为整个人的存在一体意识,你还会这样做吗?你剁掉谁都是剁了你自己的一部分,谁受伤痛的都是你。

很多人只是在头脑层面知道我们都是一体的存在,于是就开始尝试用头脑硬把大家想象成一体的,把别人想象成自己,控制自己的言行,去行善、放生、吃素、布施……他们希望通过模仿作为生命一体的角度来对待他人,目的是通过这种外在的行为获取回归一体意识的可能。这种以行制性的方式大错特错!你一直活在手指头的意识世界里,却硬要把自己想象成一个人的整体意识存在,然后尝试按照想象那个整体的人的存在去跟其他器官友善地互动。可是不管你怎么模仿,你都不可能体验到作为一个整体的人,也不可能体验到他的意识层面的感知。你需要把自己的意识觉知从一根手指头拉回整个人的存在,而不是在手指头的意识层面去模仿作为整个人应该如何对待其他身体器官。你的一切模仿行为都无法让你真正体验到你作为一个整体存在的感受,就和你再怎么模仿别人都不是真正的他是一个道理。你唯一需要做的是放下,退出作为手指意识的存在,这样才有可能回归整个人的意识层面。

把觉知叫醒,想起来你自己原来是以人的整体存在的,不要一直活在一根手指头的世界里。以行制性的人就很可笑,他们依然活在手指头的世界,却硬要去模仿整个人的存在应该如何对待其他器官,不断给自己洗脑,说大家都是一体的,不可以伤害其他器官,否则就是在伤害自己。其实,他们那小小的脑袋连什么是真正的伤害都不知道,他们认知到的一切都是程序输入的而已。

我们并不是通过得到而醒来，而是通过放下。放下不属于自己的一切，最后你会成为一切。这一点其实在深入禅定时极为重要，很多修行多年的人仅仅只能体验到"空"，所以认为"空"就是最终的状态。其实并不是，体验到"空"之后，如果你能再往前一步，就会发现，原来自己成为所有，自己就是一切。换句话说，没有什么不是你。

　　我们来讲一个故事：你是一只右手，在你们的世界里，还有其他经常互动的器官。对你们彼此来说，你们都觉得自己是独立的个体。你们都有自己的头脑系统，大部分时候你们都遵照自己的头脑系统行动。有一天，左腿受了重伤，需要立即缝合才能防止感染。这时候，作为整个人体的存在发出指令，右手通过内在觉知收到了这个信息，需要它去帮助进行缝合。

　　虽然作为右手的你内在收到了这个动机，但是你更习惯于运用头脑系统，你的头脑告诉你这样做太疯狂了，不符合你作为右手头脑的程序。你的眼前是一条受伤的腿，但是你收到的内心的指令是用针去缝它，这会让左腿感到更疼痛。毕竟作为一只手的意识存在的你，根本无法站在整体人的意识层面思考。头脑系统中的善良与有爱（这里指的是手的头脑系统，无法看到整个人的情况，就如同你的头脑看不到生命后面的整体剧情一样）告诉你：左腿已经受伤了，为什么内心却还有一种用针去扎它的冲动呢？这怎么可以呢？于是，右手不仅不会按照内心发出的指令去执行，反而会被它的头脑系统教育，自责自己不应该有这个内在指令出现。

　　于是，作为右手的你最终压抑了内心，听从了自己的头脑。此刻，左手的内在也接收到了这个指令，它的头脑也像你一样发出制止的信号（毕竟这些器官的头脑系统被植入的程序差不多都一样），但是左手还是愿意听从内在的指令。即便它不知道为什么要这么做，也不知道发生了什么，但它信任内在的指令。

接下来，其他器官都会攻击左手的做法，认为左手是个十恶不赦的存在。每个器官的判断依据就是每个器官自己的程序设定。

但是，这些器官不知道的是：因为左手的行为，受益的是所有器官，否则延误了缝合，整个人体都会由于感染而崩溃，而那些只在指责的器官也就不复存在了。

真正的开悟：卸载头脑程序，活出无限自由

许多人对觉醒、开悟的理解受到了头脑的限制。当然，这本来就超出了头脑能理解的范围，头脑只能在其受限的认知内进行想象。有些人认为，醒悟者必将获得想要的一切，包括财富和健康；另一些人则认为，觉悟者会视金钱如粪土、视美女如浮云，两袖清风，远离世俗。这些都是头脑世界臆想的极端幻象，是对真相的扭曲。

但有一点可以肯定，那就是觉悟者只关注当下的实相，不再被头脑的各种念头牵着走。任何反应都仅仅基于当下的实相，不再受到过去和未来这种幻象的干扰。觉悟者看问题会直达本质，不再看表象，不再受制于头脑的认知。他们不惧生死，破除因果，不被诱惑，不思悔过去，不畅想未来，活在当下，不被世俗观念和教育规范等限制。这不就是活出了无限的自由吗？

彻底从最高层面觉悟者破除了一切限制。记住，是一切，而不是部分或有条件地破除。彻底打开枷锁，活出无限的自由。而彻底破除的过程必然伴随着体验随时到来的死亡，因此，你必须穿越极

大的恐惧。"破"就是放下，这种放下就是去体验我们"心我"的死亡，而那是非常深刻、真切的死亡。当然，这完全是幻想中的死亡。只有经历了这样的死亡，你才能重生。

这次重生之后，小我、角色和头脑就会成为你的工具和"仆人"，而不再是控制和愚弄你的"主人"。再次重生后，你将带着无限的自由，继续体验余生的剧情。这一次，你知道自己是个演员，根据剧情需要扮演某个角色，而不再执着于控制和抵抗。在每一个当下，你都能从内在体验到无限的喜悦与爱。即便当下的剧情被世人用头脑评判为痛苦，你也知道真相，因为你只是在演戏，并没有当真。

有时候，即便在一场激烈的争吵中，你可能还会笑场。你在剧情中的宽容与不屑，有时会让无明的对手戏"演员"更加愤怒，因为他们被困在了头脑中，头脑会将你的宽容加工成各种内心戏，甚至自虐到崩溃。无明的人通常会把剧情当真，当他们发怒时，会希望引发对方的痛苦，因为"痛苦以痛苦为食"。如果无明之人面对的是觉悟者，他们就无法引发对方的痛苦，就像一拳打空了，他们会歇斯底里。所以，两个人在一起，没开悟的一方会更痛苦。这个道理很简单。

这让我想到了电视剧《天道》里形容丁元英的那种居高临下的包容，这种包容让对方感到莫大的羞辱，被困在头脑中的人会被内心戏谑得体无完肤。觉悟者之所以会宽容与不屑，是因为他们已超越了头脑的限制，活出了无限的自由。

开悟的前提条件是对自己的内心完全诚实，虚伪的人不可能开悟。有人说，看到"小我"消亡时会感到痛心和想流泪。但我要说，这都是头脑在"演戏"而已。那么，什么是"小我"？实际上，我们一直所讲的"小我"根本就不存在，它是头脑创造的幻象。你的头脑抓住过去的每一个片段并将它们串联起来形成记忆，编造了

"小我"的存在。从你的童年开始，头脑会收集所有外界给你的定义，如"你很漂亮、聪明、普通或笨""成绩好或坏""听话或不听话""你是一个……样的人"等。这些标签让头脑在虚幻的世界中创造了自我，实际上自我并不存在。当你摘掉这些标签并破除所有限制之后，自我就不再存在。

活出无限的自由是一件极其简单的事情。就像你手中拿着一枚烧红的金币，虽然它让你痛苦不堪，但你却不愿意放下。放下其实很简单，只是头脑习惯了获得，不愿意失去。但真相恰恰相反，放下即是得到，失去即是获得，两者同时发生。

闭上眼睛，安静下来好好想想：是不是所有限制你的东西都来自头脑？这些限制是你从出生以来被父母、社会、教育者等不断输入进去的程序，以及你成长过程中的经历和自我定位。但奇怪的是，几乎所有人面对限制时都会责怪生命。生命何时为难过你？生命给了你无限大的地图，而你却被头脑限制在一个小小的房间里。

再想想，每次面对当下实相并做出选择时，这个选择背后的动机或依据是什么。我们基本上都是根据头脑中先前输入的各种限制性程序做出下一步的选择。所以，你的一生都逃不出一个怪圈，总是在那一亩三分地里打转，生活中仿佛没有夸张的剧情，但又有一种说不出的稳定感。

每个人的头脑中被输入的限制性程序不同，因此，同样是被头脑控制的"奴隶"，人生剧情的宽窄和层次也有天壤之别。正因为如此，社会上流行一句话——"认知决定一切"，而这种认知就是头脑中被输入的限制性程序。

可笑的是，人们总是喜欢在头脑的认知上下功夫，试图通过提升认知来拓展人生的维度。认知真的能在短时间内提升吗？那是你一路走来日积月累的程序。如果你能跳出头脑的系统，就会看到生命究竟给了自己多少选择的空间。

开悟并不是一种神秘的体验，而是突破头脑的限制、活出真正的自我的过程。诚实地面对自己的内心，突破头脑的限制，才能真正体验到生命无限的自由和可能。

鸬鹚的故事

有一种专门帮渔夫捕鱼的鸟——鸬鹚。鸬鹚拼命地提高捕鱼技能，以便更高效地捕到鱼，从而得到渔夫的食物奖励（它自己捕到的鱼）。鸬鹚就是想不到，如果它愿意放下帮渔夫捕鱼这件事，整片湖里的鱼随便它吃。

现如今很多"讲师"都会告诉你，如果你想逆天改命，就需要修改自己的信念系统，于是他们创造出了各种修改的方法。冰冻三尺，非一日之寒。如果你今年三十岁，你的信念系统已经稳定了三十年，怎么可能说改就改？

为何修改信念系统不可行？

首先，你不仅要让自己完全处于新的信念系统环境中，给自己"洗脑"，还需要其他人配合你。如果你每天对自己说自己很美丽，但是走出去后别人都说你长得很一般，那么这样的自我暗示就是无用的。如果你每天对自己说自己很富足，但账单一来或者看到喜欢的东西买不起，就立刻认清了现实，那么这样的暗示也是无用的。即使你能让每个人都配合你，帮你重建信念系统，那么至少也需要三十年时间。所以，那些告诉你每天要给自己"洗脑"来修改信念系统的"老师"不可信。你为什么不直接选择删除头脑里被输入的每一个限制性程序呢？这一步就叫作"破"，"破"比"建"要快很多。只要你愿意，就可以在当下立刻做到"破"。建一栋房子需要好几年时间,但是爆破这栋房子却只需要短短一瞬间。只要你准备好了,生命一直在等着你。

　　破除必须彻底。有很多根深蒂固的信念系统很难被你破除,因为在破除它们时,头脑会用其他各种限制来批判你。特别是当这些信念与三观、所受的教育、伦理道德冲突时,你很容易看不清。可能有人会说:"做善事总没错吧?孝顺是对的吧?对他人宽容是应该的吧?帮助别人是好事吧?"我只能说这些描述都是世间的观点。你说的善不是真善,你说的恶也不是真恶,你说的孝不是真孝,你说的宽容也不是真宽容。一旦瞥见真相,你自然就会懂得:人间无绝对。世间根本不存在真正的善恶对错。所以,我让你去"破",彻底地"破掉",然后走在正中间。

　　完全破除头脑系统里的一切条件,回到内在的觉知(你的内心),你在每一个当下的选择和行动再也不需要受制于头脑,你能做内心喜欢做的事情,不再需要考虑任何条件和结果。

　　还是有人不明白人世间无绝对的善恶是非对错,头脑一定要假设:一旦破除头脑系统的一切限制,有的人就会因此为所欲为、为非作歹。以前好歹还有人性、道德、法律等制约着他,有宗教信仰的奖惩信念约束着他。现在都破除了,他想做什么就做什么,毫无顾忌。这只是你头脑层面的想象,实际上根本不存在,也不可能发生。这就是生命一体意识的定律。

　　一个人如果做任何事都遵从内心的觉知,怎么可能出现头脑所幻想的为所欲为之事?这就像你不可能好好地把自己的手指砍下来,仅仅因为不喜欢它或者它戳到了你的眼睛。

　　有人说,如果这个人根本不是靠觉知去行动,仅仅是打着破除一切信念限制的口号,找个借口满足头脑的恶意,那该怎么办呢?你都说了,他没有完全跳出头脑系统,依然在运用头脑系统行动,那么他必将受制于头脑系统,也就是他依然会被头脑中那些根深蒂固的念头制约，所以他不敢做，也不能做。

真正活出无限的自由应该是个什么状态？当你完全"卸载"从出生以来头脑接受的各种条条框框和信念限制之后，面对每一个当下的抉择，你都会按照内心的感受去行动，而无须综合考虑各种外在因素。你会选择自己所喜欢的，也会喜欢自己所选择的。你不会在选择前犹豫，也不会在选择后后悔。

过去，当你运用头脑系统做决定时，每一次都会非常纠结。头脑总是误以为自己当下的每一个选择会影响或决定未来完全不同的人生蓝图。这一点在很多父母身上表现得尤为明显。他们的头脑觉得自己身兼重任，为孩子做的每一个抉择（如教育、择校、培养习惯）都可能会影响孩子的一生。他们的头脑总是希望得到好的结果，无法接受被其认定为失败、损失、伤痛的结果。然而，他们的头脑其实高估了自己。它连你的人生规划都无法控制，更何况是孩子的人生规划呢？

头脑无法窥探未来的剧情，却又想要极力控制剧情。这种拉扯使得被其捆绑的无明之人一直患得患失，活在后悔和期待的幻想中。他们在物质世界与他人互动时，一旦对方头脑系统的认知超过他们，或者引发了他们的头脑对未来的憧憬或担忧，他们就会被对方"收割"。

卸载头脑中的限制性程序之后，你会发现自己能很平静地接受每一个当下的选择，不会认为哪些选择更重要或不重要，而且认为所有选择都是一样的。你会跟随内心，瞬间做出决定。不管结果如何，你会觉得一切都是最好的安排。

当你能做到安住于当下，关闭头脑，安静地体验内在，对内心百分之百坦诚时，你不可能不知道哪个是内心的选择。这种认知根本无须证明，就像你在感觉饿了后无须证明是否真的饿了一样，那是一种感觉层面的东西。你试着让自己活在当下即可。如果分辨不出，那就随便选一个。你要知道，能走通的路和能得到的果都是生命安排好的。生命不给你投射的路，你选了也走不通，还纠结什么！

总之，开悟后的生活完全被颠覆，彻底实现自由，因为你的内在已经知晓一切，再无可以凌驾于你之上的神，社会上的一切认知也跟你无关。以前你认为的一切因果，现在完全没有联系；你没有任何事情需要担心和害怕；你也不急于追赶什么，因为你知道不可能错过什么。

当一个销售员口若悬河地介绍产品在未来有多大的收益时，你根本不会纠结，因为你只活在当下。他描述的美好未来无法引诱你，即便做出选择去投资，也不是因为他"画的那个饼"，而是你的内在想体验。当别人利用未来的恐怖剧情吓唬你时，你也会无动于衷，因为你知道未来不存在，好的或坏的都是幻象而已。当那个未来以当下的实相出现时，你会立刻接纳，所以恐怖剧情无法要挟你。宗教也无法控制你，因为你完全醒了。跳出那层幻象的制约，你想做什么就做什么，只要开心就好。你不会再让头脑串联、加工故事并深陷其中，而是会把更多的精力放在当下，体验当下的美好。

信任生命：自由落体

对生命最大限度的信任，其实就是敢于"自由落体"，而不是在中途施加任何外力试图"保护自己"。当你这样做的时候，你会发现生命总是会稳稳地接住你。然而，要做到允许一切发生的自由落体，确实需要你对生命百分之百地信任。

玩过蹦床的朋友应该有所体会。如果你想跳得更高、更稳，就必须让自己完全放松，尤其是在接触蹦床的瞬间，不要施加任何外力，感觉自己就像一块软绵绵的棉花糖，任由自己被弹到任何高度。对于这一点，越小的孩子做得越好，而成年人在初次尝试时则常常试图在每个着力点上加以控制。这种控制反而会产生反作用力，轻则弹跳不高，重则可能导致骨折。因此，近些年很多新闻报道了玩蹦床的危险性，许多人在玩蹦床时受伤。然而，几乎所有玩蹦床的人受伤的原因并不是允许自由落体，而是由于用力抗拒落地的瞬间。

游泳这项运动亦是如此。当你全身放松时，水的浮力会稳稳地托住你，让你不会下沉。而那些溺水的人往往由于内心的恐惧而试图奋力反抗，体力就在挣扎中耗尽。物理学中的浮力定律可以很好地解释这一现象，即任何物体在流体中受到的浮力等于它排开的流体的重量。当我们放松身体时，水能够更有效地支撑我们身体的重量，减少我们沉入水底的风险。

软体动物更接近于自由落体的状态，因此它们的生命力通常更强，也更少受伤。软体动物如章鱼和蜗牛，它们柔软的身体使它们能够更好地适应环境中的各种冲击和变化，从而降低受伤的可能性。这种适应能力反映了进化过程中对环境变化的高效应对机制。

在当今社会，很多人生活在恐惧、不安、担忧、害怕、追求、索取和控制之中。对于每一个现实的到来，他们会下意识地去反抗，试图施加控制的外力，使其朝着头脑认为的更好、更安全、更喜欢的方向发展。头脑就如同站在平面地图上走迷宫的小人儿，只能看到周围很小范围的地方，而看不到的地方只能通过记忆和经验去推测。而生命却能够实时俯瞰全局，每一个当下都可以对整个生命地图进行调整。但几乎每一个人都信任头脑而非生命，在每一个当下都会用头脑与生命对抗。

信任生命并不意味着放弃理性和规划，而是学会在不确定性中找到平衡点。而大多数人总是习惯于在头脑完全无能为力时，才会被迫信任生命。这种信任并非发自内心，而是无奈之举。只要有一个可以被头脑控制的着力点，他们就会立刻选择通过头脑进行控制。

如果你愿意用心观察生活中的每一件小事，就会惊讶地发现，一切事物最好的状态都是自由落体。无论怎样都好，放松自己，信任生命的力量，任由生命的力量把自己推向任何地方。这个理念是不是与社会教给你的认知正好相反呢？人们总是过于紧张，学不会放松；总是对人和事物过于执着，却学不会随意。试试看，放松下来，你会体验到一个不一样的世界。

老子的《道德经》提供了深刻的智慧，解释了为何全然地信任生命、允许自由落体是理智的选择。《道德经》第二十五章中说："人法地，地法天，天法道，道法自然。"这句话揭示了自然法则的重要性。老子强调，一切事物都有其自然的运行规律，人类应该顺应自然，而不是试图控制或改变它。通过信任生命的力量，我们实际上是在遵循自然的规律，避免不必要的抗争和痛苦。《道德经》中另一个重要的观点是"无为而治"。无为并不是不作为，而是不要去做违背自然规律的事。通过无为而治，人们能够以最小的努力获得最大的成果。放松自己，信任生命，实际上就是一种无为的实践方式。采用这种方式不仅减少了我们内心的焦虑和压力，还能够让我们更加敏锐地感知生命的安排和变化，从而更加有效地应对生活中的各种挑战。

佛教也强调放下执着，顺其自然是最好的态度。通过深刻地理解因果关系（能量定律），我们能够更好地接受生活中的变化，减少内心的抗拒，从而获得真正的平静。

实践与体验

信任生命，允许自己自由落体，是一种需要勇气和智慧的生活方式。它要求我们放下对控制的执念，学会在不确定性中获得内心的平静和力量。试试看，放松下来，信任生命，你会体验到全新的自己和生活。

这种信任和放松并不是逃避现实，而是一种更加深刻的理解和顺应自然的生活方式。只有这样，我们才能真正实现身心和谐，享受生命的每一个瞬间。

人生只需要放轻松

看看你周围的每一个人，仿佛都在与时间赛跑，每天匆忙地赶时间做事，甚至小朋友也被父母催促着："快点快点，不然就来不及了。"这种现象在中国社会表现得尤为明显，竞争的压力和对成功的渴望使得几乎每个人都不得不在时间的洪流中拼命奔跑。

我们在这个物质世界中体验，必然不可能24小时都处于"观"的状态。所谓"观"，在佛教和道教中，指的是一种内在的觉察和超然的观察状态。如果真的能做到这一点，那也无法真正体验到自己所扮演的角色的丰富多彩。因此，不要纠结自己偶尔会进入头脑控制的模式。觉悟者并不是一刻都不进入头脑，而是即便进入头脑，内心也依然有"观"存在。这种状态就像是在游乐场玩过山车，"五感"在体验，头脑也在参与，但同时内在的"知晓"不会消失，这种模式更像是对百分比的调试。

你可以调试头脑与"观"之间的百分比。例如，有时候可以是100%"观"的状态，这通常属于完全的"观"的状态，如冥想、打坐放空状态，完全临在，不参与物质世界的互动。而在参与角色体验的时候，可以调整到头脑占 50%、70% 或 90%，但绝对不可能是 100%。也就是说，那个"观"没办法完全消失。

放松其实是我们每个人应该学习的一种重要习惯。只有在放松的时候，你才能接近生命的本然状态。如果你每天都很紧张，又如何能体验到生命的美与智慧呢？实际上，真相从来没有被隐藏起来，而是在世界的每一个角落，只是你视而不见。为什么有的人能在观察一片树叶时顿悟？这与认真学习、努力获取知识、了解某个词语的意思完全无关。

任何事物存在，其实都是生命在告诉你真相和方法。就像我谈到玩蹦床和游泳的例子一样，你完全放松身体，下落时不施加任何反抗力量，反而会更安全。

在下次遇到问题时，可以告诉自己先放松下来。放松的方式各有不同，但放松了，答案就会出现。

对于"观"百分比概念的描述，不仅解开了大部分人头脑中的疑惑，还解释了开悟者如何在生活中扮演角色。这也解释了那些沉迷于禅定的人，实际上只不过是利用某种方法强行控制百分比，试图一直处于 100% "观"的状态。他们忘了自己需要体验的是当下的实相。所以，这是一种逃避当下体验的方式。虽然"观"的时候内心很喜悦、平静，但你终归还是要回到"自我"的状态去体验。逃避解决不了问题，只有接纳，才能让能量经过。你此生的重点是来体验的，不是来"观"的。"观"如同玩游戏时有疑惑，然后退出来看全部的地图，看好了还是要进去继续玩。真正的开悟者能够很好地调整这个"观"的比例，以便更全面地体验生活。该用头脑时就用，该"观"时就去"观"，随时调整这个比例。

通过这种方式，我们可以真正体验到生命的完整与智慧。

放松自己，活在当下，就能感受到生命中每一个瞬间的美好。

仅仅依靠"观"并不能解决所有问题。在现代社会，我们需要在实践中找到平衡点。我们所扮演的角色不仅要实现内心的宁静，还要积极地参与到现实世界中。比如，在工作中，我们需要高效的思考和决策能力；在家庭中，我们需要关爱和互动。这种角色的多样性要求我们学会在"观"与"用头脑"之间自由切换，以适应不同的情境需求。

因此，真正的智慧在于灵活地运用"观"与"用头脑"的能力。放松自己，活在当下，你才能真正体验到生命的美好和智慧。

人间游戏的核心：配合

如何才能更好地体验人间游戏？其实答案简单而深刻——这取决于角色与生命之间的默契配合，即自我与更高层次的自我的配合，游戏中的人物与游戏创造者的配合。不同的表述其实指向同一个核心概念。

然而，这种配合的前提是无条件地信任那个你称为"生命""大我"的存在。如果没有这种无条件的信任，后续的配合也无法实现。

信任生命的必要性

信任生命是配合的前提，因为生命就像坐在电脑前操控全局的人，可以随时切换地图、俯瞰全局，并且在不断地编写和创造整个游戏的剧情。生命才是真正的你自己，而不是你当前扮演的这个角色。

很多灵性知识往往将"小我"描述成"绊脚石"，这种描述只会加剧内心的分裂，因为头脑的程序设计就是在不断地区分、标签化和分类，然后用二元对立的观念去追求那些被归类为正向、积极的事物，同时排斥和避免那些被标记为负向、消极的事物。这种对立只会将你拉入头脑设的陷阱的更深处，让你越挣扎反而陷得越深。

自我、角色、头脑其实指的是同一个东西，这些都不是你，它们只是你在体验人生游戏时使用的替身而已。就像你在玩网络游戏时会选择一个角色和装备，然后开始玩游戏。你能说那个角色就是你自己吗？当然不能。坐在电脑前操控游戏的才是你。

人间游戏与电脑游戏的区别

人间游戏与电脑游戏存在着很大的区别：

1. 玩电脑游戏的人只能在别人已经编程好的游戏界面上按照游戏开发者设置的规则去玩；而在人间游戏中，你不仅是游戏的玩家，同时也是游戏的开发者，可以随时设置、修改和创造游戏界面。

2. 玩电脑游戏时，你的意识始终都停留在作为玩家的自己这里，无法感知到游戏中你选择的那个角色的意识；而在人生游戏中，你反而忘记了自己作为游戏创造者的意识，通常只能感知到作为游戏角色的意识，所以，你会以为角色的意识就是全部的你。

如何在人间游戏中实现配合

到底该怎样体验人间游戏呢？答案已经显而易见，那就是角色（头脑）配合生命（创造者，即真正的你自己）。

当谈到配合时，有些读者可能还不太清楚。我习惯用一些例子来帮助大家更好地理解。

无法信任生命：陷入受害者剧情

我们常说"人生不如意事十之八九"，那么，这个"不如意"是谁的不如意？很明显是角色的头脑不如意。当你遇到让头脑不如意的事情时，第一反应是什么？例如：你为了得到某件东西、某个人或某个机会付出了很多努力或物质投入，结果却未如头脑所愿。这时，你的第一反应是什么？

普通人大多都会在第一时间陷入剧情带来的情绪中，这些情绪依据事件在头脑中被划分的等级而定。例如，丢失一件可承受的物品与遇到了无法承受的亏损所引发的情绪肯定不同；小考失利与失去梦寐以求的工作或学习机会所引发的情绪也会不同。情绪期过后，游戏小人的头脑要么开始觉得生命故意为难他，老天对他不公，要么陷入不断地分析游戏中的其他角色，认为是其他角色使坏才阻碍了他成功的无限痛苦循环中，直到跨越时间维度在头脑深处淡化它。

无条件地信任的力量

如果你可以无条件地信任生命，信任作为游戏剧情创造者的自己，即便你无法完全理解到创造者就是你自己，你也可以将它想象成你这个游戏角色的队友。

角色与生命组成一个团队来体验这场人间游戏，只有你无条件地信任你的队友，你们这个团队才能取得最终的胜利。一旦队友之间矛盾不断、因不信任而引发对抗，就没办法继续体验这场人生游戏。你和队友的分工不同，你负责体验和收集体验后的经验值，队友负责立体地俯瞰全局并不断地为你投射游戏场景。

无条件地信任队友（生命）意味着在这场游戏中，无论发生什么，你都能清楚地知道队友正在创造这个剧情供你体验，它绝对不会出错，也绝不可能故意为难你。它可以俯瞰跨越时空维度的所有地图，而作为角色的你只能在平面地图上看到很有限的范围，更不用说跨越时空维度读取地图了。作为角色的你，真的没有理由不信任生命。

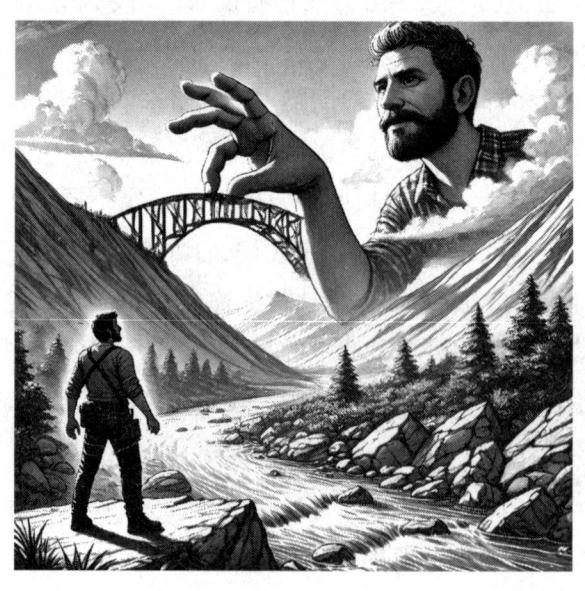

智慧的角色与配合的艺术

角色聪明的头脑在这场游戏中起着关键的作用，但这种"聪明"不应该用来不断地埋怨和对抗队友（生命），而要在第一时间转换思维，分析队友为何设置这个剧情，它希望你如何配合。体验人间游戏的关键在于配合，这种配合需要角色在剧情中迅速理解队友的意图，从而完成任务。反观大多数人在剧情中做了什么。我们将太多的时间浪费在了与队友的对抗中，导致自己痛苦不堪。而我们对抗的那个队友才是我们自己。这也正是为什么我们常听到这样一句话："你需要与自己和解，而不是对抗。"

觉醒与喜悦：探索内在真实的
情感体验与慈悲之道

很多人的头脑中会产生这样的疑问：彻底觉醒后，如何在这场游戏中继续真实地体验喜怒哀乐？会不会因此对世界失去兴趣？对此，我只能说，在觉醒后体验游戏其实更有趣。（当然，我并没有说每个人都必须觉醒，无论怎样都可以。）

因为在物质世界中，真实感依然存在，同时你也清楚自己是这个剧情的创造者。虽然你身处三维世界，头脑简单的配置无法让你完全预知自己创建的下一个剧情是什么，但正因如此，你反而感到下一幕剧情并不重要，因为你对自己有足够的安全感和信任感。这种多重感觉同时存在，相当有趣。

我认为用语言很难描述这种状态，因为它超出了头脑能理解的范围，只有亲身体验才能真正理解。大概就像你买了票进入游乐场，去玩各种温馨的游戏、智力游戏、惊险的游戏等。当你坐上过山车时，你明白这不过是个游戏，但你依然会害怕和尖叫。这种感觉是一种既知道安全又被当前的恐惧感包裹的刺激感。虽然你在尖叫，但内在是喜悦的。如果你什么都不知道或者失去了记忆，就会以为过山车飞上去后真的会有生命危险。在这种情况下，你能体会到的除了绝望和恐惧，就没有其他了。

情感的体验实际上更为立体和细腻。当我看到美景时，并不是头脑让我赞叹，而是来自心灵的震撼和感动，因为我不仅是用"五感"在体验当下的美，还有一种内在的知觉，知道这美景是自己创造的。这种放大的情感，我称为"立体感"。反之亦然，当遇到被头脑区分为不好的事物时，我也会有感受，但同时又知道这是自己在创造这个剧情。这种知道不是头脑的理论认知，而是一种内在的、毋庸置疑的觉知，就像你知道自己的性别、住在哪里、父母是谁。这些无须头脑去思考或证明，你只是记得而已。

在这种状态下，觉醒与体验游戏不仅不矛盾，反而相得益彰。觉醒带来的安全感和创造力，使得你在游戏中的每一刻都充满了新奇和乐趣。游戏依然刺激，而你也能从中获得更深刻的满足感和幸福感。

有人好奇我是否有喜怒哀乐。我当然有。这种情感的体验很特别，可以说是被喜悦包裹的喜怒哀乐。就像在物质世界中，当人们谈论"爱"时，通常会认为其反面为"恨"。你爱一个人或一件事，与恨一个人或一件事，完全是两种不同的感受。然而，站在生命的绝对层面上，只有爱，真的只有爱。但这种"爱"绝对不是你们通常所理解的"爱"。绝对层面的"爱"其实涵盖了物质世界中的"爱"和"恨"这两种情感。

有人问我是否有慈悲心。"梦里的人"几乎没有办法知道你们口中的"慈悲"是什么，因为世人所认为的慈悲，仍然受制于头脑所受的教育，每个人对慈悲的理解完全取决于头脑的认知。

举个例子：你看到一个穷困潦倒的人，慷慨解囊给予他经济帮助。这算是慈悲吗？你会说，肯定是慈悲啊。那么，如果因为你的经济帮助，使得他有能力去伤害另一个人，那么此时你的做法还算是慈悲吗？再比如，你认为，在遇到一个逃犯时，是选择报警将其绳之以法更慈悲，还是放他一条生路更慈悲？很显然，世人所谓的慈悲仅仅是一种观念，如何界定它，完全取决于当事人的认知和所处的角度。这也是为什么无论你表达什么观点，总是会有人站出来反驳，因为大家站在不同的角度看待同一件事。如果大家都站在更高的层面看问题，就不会有这些分歧。这就像你如何界定一个人是好人还是坏人一样。你又如何评判草莓比苹果好吃，香蕉比橘子好看呢？这都是头脑的认知而已。觉醒实际上是一个突破头脑认知限制的过程。如果你一直被头脑限制，就没有绝对的标准。同样一件事，站在不同角度的人会有不同的看法。

我无法用语言回答自己是否有慈悲心这个问题，只能举例子来说明我的行为。我不会无缘无故地伤害任何人，也不认为这是善良或慈悲的表现，只是因为没有这样的动机。就像你不会无缘无故地在自己身上划一刀一样。夏天我会用电蚊拍打蚊子，也吃肉。当我看到家里有昆虫时，我一般会用纸巾包着扔出去，尽量不去捏死它们。但如果偶尔手重了误伤它们，也只能把它们扔进垃圾桶。就像在长了智齿后不舒服时，我会把它拔掉，这不代表我不善良或不慈悲。

很多问题都是头脑设的限制。真正活出自我的人是无限自由的，不需要用各种形式去约束自己的行为。不约束不等于走向极端，这始终是头脑的二元对立。就像你随便怎么对待自己的身体都行，没有任何约束。那么，你会没事就给自己两刀吗？当然不会。

有时候，我坐在街边喝咖啡，观察来往的人群，我感到很喜悦。在观察的同时，我从心底里觉得自己正在创造着他们。同样，当我去餐厅用餐时，我也从心底里觉得自己创造了这些为我提供服务的人和餐品。我发自内心地对他们微笑并感谢他们。不想观察时，我把方向盘交给头脑，但始终有个"观察者"（自我）在需要时介入。这种感觉真的很难用语言描述。

很多读者对此话题感到好奇，但我能用语言表达出来的东西早已无法再现那番意境。语言始终无法完全贴合真实的体验。大家还是亲身去感受吧！

第九章

自我觉醒与亲子关系

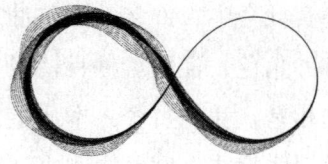

亲子关系的觉醒

在探讨亲子关系之前，我们先要理解生命的真相与人世间的幻象。在我们所处的现实社会中，许多关系与冲突其实都基于头脑的幻象。我们扮演着各种角色，经历着种种情景，这些都是生命设定的一部分。生命的真相是，我们每个人本质上都是创造者，而当前扮演某个角色只是我们体验这个世界的方式。

涉及亲子关系的话题，可以说是永无止境。然而，一旦你在这场梦中彻底觉醒，所有的亲子关系、原生家庭关系、人际关系和夫妻关系就都能自行处理得当。外人无法替你做决定，毕竟你的人生规划以及与你互动的亲人的人生规划，只有你们自己的内心最清楚。盲目模仿他人只是头脑的操控，按照别人的模式走，永远无法走出你自己的生命地图。比如，郎朗的爸爸多次以死相逼，最终把郎朗逼成了世界级钢琴家。你也这么逼你的孩子，有可能孩子被逼得做出了极端的事情，所以，每个人的剧本不同，具体怎么做只有你自己的心知道。外人怎么能教你？你若觉醒了，你的世界也会跟着醒来。在人生游戏中，你会用智慧去体验一切。

亲子关系是人类社会中最复杂也最深刻的一种关系，它涉及无条件的爱、期望、失望和控制。当父母试图控制孩子的人生时，实际上是头脑在试图维护自我认同感，而非真正的爱。真正的爱，是对孩子人生规划的尊重和信任。

亲子关系的核心问题

谈到亲子关系，大多数人的问题主要集中在孩子的行为习惯培养、教育选择以及未来发展等方面。至于你所谓的亲子关系不好，实际上就是你试图控制孩子在上述几个方面的发展，而孩子不想被控制，进而引发亲子关系问题。世上几乎所有的关系矛盾都是一方试图控制、另一方试图反抗所致。那么，我们是否可以放下控制，允许一切发生呢？如果能做到这一点，其实问题也就解决了。

爱与控制的误区

许多父母总是以爱的名义试图控制孩子的人生，但孩子的人生是由他自己的生命策划好的。你的控制不仅改变不了他的人生剧本，反而会让彼此都痛苦不堪。静下心来反观自己。试问，你想控制他真的是出于爱吗？实际上是你希望获得自己头脑中认为优秀、听话的孩子，是为了满足自己的那份"想要"。你总是觉得是为他好。但凭什么你那么自信，认为替他做的每一个选择都是正确的呢？你自己都没有真正活明白，哪里来的自信保证你给孩子做的每一个选择都是最好的呢？

自我觉醒的重要性

你做选择的依据,是从小父母灌输给你的认知、长大后的那一点点经历以及社会灌输给你的价值观。你需要的不是去学习如何教育孩子,而是先打破自己的认知,丢掉别人和社会灌输给你的是非对错、好坏成败的限制性观念。当你觉醒后,一切问题都将迎刃而解。

允许孩子成为他自己

你能允许你的孩子成为他自己吗?每个孩子都是独立的个体,有自己的人生规划和成长路径。试着放手,尊重并支持他们的选择,让他们按照自己的方式去体验人生。这不仅是对孩子的尊重,也是对生命本身的尊重。

在这场人生游戏中,真正的智慧在于你能否觉醒并领悟。只有这样,你和你的孩子才能共同成长,体验到真正的幸福与和谐。

心理学家卡尔·荣格曾提出"个体化"理论,指出每个人都有独特的自我实现之路,而这条路需要他们自己去探索。家长试图控制孩子的行为,只会阻碍他们的个体化进程。此外,哲学家克里希那穆提也曾强调,教育的目的是帮助个体发现自我,而不是把既定的观念强加给他们。

处理亲子关系的实践

1. 放下控制:试着理解孩子的兴趣和天赋,尊重他们的选择。不要试图把自己的梦想强加给他们。

2. 无条件地支持:无论孩子选择什么样的道路,都给予他们支持和鼓励。让他们知道，不管他们做什么，你都会坚定地站在他们身边。

3. 沟通与理解： 建立良好的沟通渠道，了解孩子的想法和感受。通过沟通，你可以更好地理解他们的内心世界，减少误解和冲突。

4. 自我反省： 父母也需要不断地反省自己的行为和想法，意识到自己的控制欲和恐惧，从而做出改变。

亲子关系的核心在于觉醒与信任。通过尊重孩子的人生规划，支持他们的个体化进程，我们不仅能够帮助他们实现自我，也能让自己从控制欲中解脱出来。最终，我们会发现，这种基于觉醒和信任的关系，才是真正的爱和幸福的源泉。在这场人生游戏中，我们每个人都扮演着特定的角色，都有自己特定的任务，而真正的智慧在于我们如何去体验和理解这场游戏。

父母对孩子的教育

父母应该如何教育孩子？谈及"教育"，实际上已经局限了思维，因为我们只能在有限的语言框架内描述事物。但我们只能暂且使用这个词来讨论。

拓展认知的重要性

父母对孩子最有帮助的行为，是尽可能拓展孩子的认知，鼓励他们自主地探索世界。孩子生命的本质与父母一样，来源于同一个全知全能的源头。父母能做的是避免让孩子的头脑成为束缚他们的牢笼。正如常言所说，每个人都生活在自己的认知世界里。头脑就像一个出色的"仆人"，但也是一个糟糕的"主人"。如果头脑主导了生活，它将为你制造无尽的痛苦与渴望，使你陷入思维的牢笼。只有当所有标签被揭下时，事物的真相才会显现。

激发好奇心与探索欲

教育的本质在于激发孩子的好奇心和探索欲，而非强行给孩子灌输知识。教育不应是让孩子"千军万马过独木桥"，而应是引导孩子探索自己的世界。然而，许多家长在教育孩子时，往往带有明确的目的性。这种目的性有时并不是源自他们自身，而是社会价值的传递。因为这种控制被包裹在爱的外衣中，很难被识别。

避免二元对立的观念

尽量避免将三维世界的二元对立观念灌输给孩子，要让孩子知道，这个世界上没有绝对的好与坏、善与恶。一切行为都要跟随自己内心的觉知。内心的觉知是一种深刻的自我认知和对世界敏锐的感知。通过培养孩子内心的觉知，他们能够在面对复杂情况时，做出更为平衡和智慧的判断，而不是简单地依赖二元对立观念。看待万事万物都需要稳稳地站在中间。做到这一点其实相当不容易。我们只要留意三维世界中的一切事物，就会发现它们的程序就是二元对立的设置，如男与女、阴与阳、好与坏、对与错、白天与黑夜等。每一个人的头脑系统都是如此设置的，并且在其整个成长过程中也都一再被灌输要"站队"。所以你会发现，几乎所有影视作品都是一正一邪、英雄与坏蛋的较量。尽管孩子会在社会上接触到二元对立观念，但父母可以从小给孩子建立更广阔的认知。

避免固定思维模式

不要强行给孩子培养某种习惯，即便是所谓的"好"习惯。习惯是通过反复重复形成的，会潜移默化地影响孩子的选择。习惯的养成如同建造围墙，最终可能会将孩子限制在固定的认知中。成年人往往表现得尤为明显，随着年龄的增长，他们喜欢的书籍、交友的类型、喜欢去的场合等变得固定。这些固化的好恶使得他们无法跳出由自己创建的认知牢笼。

多元体验与跨文化认知

应让孩子尽可能多接触不同的事物，而不是局限在单一的认知里。父母自身的认知局限可能会影响孩子，因此父母应尽可能为孩子提供多样化的体验环境。虽然每个人的人生剧本不同，但可以在条件允许的范围内，让孩子体验不同的文化和环境。

语言与文化多样性

建议父母让孩子学习多种语言，因为语言不仅是交流的工具，也是不同文化和认知的体现。单一语言文化的输入会对思想形成禁锢。

永远不要用你的认知代替孩子的体验

父母在教育孩子时，总是希望能够为孩子提供最好的引导。在这个过程中，有一个重要的原则需要牢记：永远不要用你的认知代替孩子的体验。每个孩子都是一个独立的个体，他们的人生旅程应该由他们自己去探索和感受。在教育孩子的过程中要尊重他们的独特体验。

每个孩子都是独特的，他们有自己独特的天赋、兴趣和感受。作为父母，我们需要认识到这一点，并给予他们足够的自由去探索和发现自己。在孩子成长的过程中，我们所扮演的角色应该是支持者和引导者，而不是控制者和决定者。孩子需要通过自己的体验去理解世界，而不是通过父母的认知去看待世界。

认知的局限与体验的广阔

认知是一种局限。我们每个人的认知都是基于自身的经历、掌握的知识和所处环境的有限集合。然而，体验是无限的，是广阔的。孩子通过自己的体验，可以获得超越我们认知范围的理解和智慧。例如，我们可以告诉孩子火是热的，但只有当他们自己触摸到火焰时，才能真正理解火的本质。这种通过体验获得的理解，才是真正属于他们自己的认知。

生命的本质在于每个人都是独特的存在，拥有自己的道路和使命。孩子也是如此。我们不能用自己的经验和认知来定义他们的人生。每个人都有自己的生命源头，有自己的潜力和使命。我们需要尊重孩子的独特性，尊重他们的选择和体验，让他们自由地去发现生命的本质。

从生命角度谈养育孩子

很多已为人父母的读者,常常会关注如何教育孩子,以及如何将生命的本质传递给他们。然而,孩子有自己的人生剧本,试图用我们的认知去控制他们并非明智的选择。事实上,生命会用实际体验来教育他们,最终让他们回归生命的本质。

在上一节中,我们讨论了在条件允许的情况下,尽可能让孩子体验不同的生活、文化、教育、城市和国家。避免让孩子生活在单一的模式下,不要用我们的认知代替他们的体验。体验应该包括头脑认为的正反两面、社会认知体系中的成功与失败。

在物质世界中,二元性无处不在,因此体验需要保持平衡。不要拒绝孩子体验那些你头脑认为不好的体验。这种不平衡会导致不圆满。最好的方式是顺应生命实相的到来,不抗拒地直接体验,不要用你的认知为孩子挑选体验。

父母需要明白,当下你阻止孩子进行的那些体验,将成为他们未来人生的必经之路。现在的孩子由于头脑受限较少,觉知较为清晰,他们容易完成这些体验。而等到成年之后再去体验时,被头脑捆绑后导致的痛苦将更加深重。

孩子天然的觉知

为什么这个问题不需要大量的讨论？因为事实上，最好的教育方式就是不试图去教育。孩子的世界不同于成年人的，他们出生时是觉醒的，什么都知道。在成长过程中，他们反而被父母和社会的教育强迫，关闭了觉知。孩子越小就越处于觉醒状态，他们几乎能活在当下，开心就笑，饿了就闹。他们不会活在过去，也不会被未来的幻象困扰。

向孩子学习

反观成年人，可能需要很多的体验才能让自己开始有一点觉知。成年人的觉知已经被头脑思维模式关闭，想要再次打开，需要层层破除，而不是继续学习知识。因此，当你问我如何教育孩子觉醒时，这其实是一个笑话。真正需要教育的反而是父母，孩子是我们的老师。

我们应该虚心地向他们学习，从他们的一举一动中获得启示，从而帮助自己觉醒。孩子实际上是来帮我们完成自我觉醒的，而我们却急着要教育他们。

孩子成长的过程是他们自己独特的生命旅程。作为父母，我们扮演的角色是支持者和陪伴者，而不是控制者和干预者。通过尊重他们的体验，顺应他们的自然成长，我们不仅可以帮助他们成为独立自主的个体，也可以帮助我们自己找到觉醒的路径。

你是否关注过刚出生不久的婴儿？当他哭闹着想吃奶时，即便他看见你正在准备喂奶或者冲泡奶粉，他也会继续哭泣，直到奶嘴进入口中并吸到奶水为止。再大一点，比如一岁左右的孩子，当他需要喝奶时，只要你做出冲奶粉的动作，他就会停止哭泣。此时，他已经开始使用头脑，虽然尚未喝到奶，但头脑告诉他，妈妈正在准备，很快就能喝到了。这是他的头脑对未发生事情的想象，他因此会相信并安静下来。

随着孩子逐渐成长，当他向你要某个玩具时，只要你答应会给他买，他便不会再哭闹。因为他的头脑相信那个未来的情景已经存在。从这时候起，他实际上就越来越受到头脑的控制。

成年人更是如此。很多时候，看到别人投资获利后，自己便急忙把积蓄拿出来投资，因为头脑提前幻想了获得收益后的情景。女性购买护肤品时，头脑中不也是有对未来更美的自己的幻想吗？办健身卡、瑜伽卡、美容卡以及参加各种培训班时的愉快和满足，也是因为头脑投射了一个学有所成的幻象。当现实与头脑的幻想不符时，我们便陷入痛苦，无法接受。

一直以来我们都在强调，你能拥有的仅仅是当下，过去和未来都是头脑的记忆和想象。如果一个人能牢牢地把握当下，就真的没有什么问题能困扰他了。

读到这里，你会发现似乎父母对孩子的"教育"毫无作用，仅仅是不要用你的认知和社会的价值观去限制他，给他设立层层围栏。其实，父母仍有很多事情可以做，比如表达爱意，经常对他说"我爱你"，多一些肢体接触，例如拥抱和亲吻他。没有年龄限制，孩子无论多大都需要这些。中国文化的含蓄性使得父母很难做到这些，特别是当孩子长大后。拥抱是让孩子体验爱的过程，如果他从小就能体验到饱满的爱，长大后便不会因为缺乏爱而向外寻求。当得不到爱时，他可能会走向极端，去体验恨。

让孩子体验爱的方式有很多，并不仅限于上述方法，只是上述方法非常重要。但在中国传统文化中，这些方法常被忽略。

你可以告诉孩子的

你可以告诉孩子一些真相：接纳已发生的事情，然后看看有没有办法改变；接纳自己的情绪，去体验它，看看会发生什么；当下这一刻是真实存在的，过去和未来皆是头脑的想象；头脑只是工具，并不是真正的他，如果头脑拉着他去制造幻象，他不必理会。

你需要告诉他：永远不要对未来有期待，这样他会活得快乐、自由；永远不要在乎别人的评价和看法，这样他会活出自己，并减少头脑制造的麻烦；想要的东西就去争取，如果努力后仍未得到，就立即放下，因为一定有更好的在等着他；永远不要控制自己的情绪，伤心时可以在你怀里痛快地哭一场，这样一切不适都会消失。

还有最重要的一点：让孩子知道他所做的一切都是为了自己，而不是为了父母，这非常重要。因为这会培养孩子的责任心，对自己世界的一切负责。而这种视角正好就是创造者视角。

孩子不像成年人，成年人更注重表象，更喜欢听别人怎么说而不太重视别人怎么做。孩子则相反，你怎么说不重要，他主要看你怎么做。我提到的那些可以与孩子讲的真相，你不仅要讲，还要做到。如果你自己做不到，那么孩子只会成为你的样子。很多父母也会经常对孩子说："你取得好成绩是为了你自己好，不是为了我们。"但孩子看到的本质是，每次他获得荣誉后，你们的高兴远胜于他，他会认为是你们希望他学有所成，他做的一切只是为了满足你们。

你可以与孩子分享很多东西，但一定不要抱有任何期待和目的。他有他的人生剧本，你要相信他的生命会有最好的安排。而你需要做的仅仅是放轻松而已！

退出梦境，回到最高层面：其实，孩子不过是你梦中自己的分身而已，你好了，你的世界就会好，当然也包括你孩子的世界。

你与孩子的关系

你与你的孩子之间最好的关系是什么？答案是：朋友。

许多家长虽然认同这个观点，但真正理解并做到的却寥寥无几。与孩子以朋友关系相处意味着你们是平等的关系。这种平等关系至关重要，意味着你没有理由一味地妥协和顺从，也没有权利控制和专权。这是一种绝对的平等关系，需要相互关爱、相互理解。

以朋友关系与孩子相处，时而需要你包容他，时而需要他包容你。朋友之间的互动意味着你不应该总是想控制或左右他，而他也不应该控制或左右你，也意味着你们在互动中要有一半"是"和一半"否"。这种平衡与道家的哲学理念非常契合。

在物质世界中，一切事物都有其对立面，如同硬币的两面。而人类受头脑的控制，很难超越这种二元性，经常在A、B两面间不断地反转，使自己陷入疲惫与痛苦之中。老子所提倡的"道"即让人稳稳地行走于中间，这便是中庸之道。

现代社会的父母教育

现代社会中的很多父母要么独断专行，控制孩子的一切，用自己的认知代替孩子的体验；要么完全顺从孩子，对孩子言听计从、毫无原则。这两个极端其实是同一种现象的不同表现。处于A面的家庭并不会教育出比处于B面的家族更优秀的孩子，反之亦然。现实生活中，有A、B两种极端教育观的人会争论不休，彼此不认同。这是因为他们各自都缺失了对方的那部分体验。你越抗拒，它越存在。

生命的本质在于要稳稳地行走于中间，看清全局并经历每一个不同的面。没有好坏，只有体验。

多面性的体验对孩子的益处

孩子不应生活在单一的社会价值体系、单一的阶层体验、单一的语言模式中。丰富多样的体验可以造就认知广泛、见识丰富的孩子，他将具备独立思考的能力，不受外界大多数人思维的干扰。这样的孩子不容易被无意识的动机驱使。他能调动内在的全部能量，使自己的行为与"道"相符。

当思维被心掌控时，思想就变成了一个很好的工具。思维就像一个很好的"仆人"，却是一个糟糕的"主人"。体验过多面性的孩子不会被思维禁锢。思维介入越多，世界就越支离破碎。自我思维所提出的每一个解决方案，都是被"这里有问题"的想法所驱动的；而解决方案，往往变成了比原问题更为棘手的问题。

父母的责任

作为父母,唯一能做的就是尽可能给孩子创造完全不同的体验,而非单一的束缚。在现实世界中,我们能看到绝大多数父母用自己早已被头脑禁锢的认知去教育孩子。他们会告诉孩子什么是好、什么是不好、什么是对、什么是错。在这个过程中,他们排除了自己认知之外的一切,让孩子单一地体验他们认为"正确"的事物。

当你告诉孩子什么是鸟时,如果他完全相信了你的定义,他就再也看不见真正的鸟了,只会看到自己头脑中构建出的那个"鸟"的概念。由于他的自我架构受到限制,伟大的智慧也就被深埋了起来。

这种现象在心理学上被称为"认知框架",是指人们用已有的知识和经验去解释和理解新事物的过程。当孩子接受了你所提供的定义后,他的认知框架就被限定在这一范围内。未来他在看到鸟时,会自动将其套入这个预先构建好的框架中,而不是以开放的心态去体验每只鸟的独特性和所有鸟的多样性。这样的教育方式限制了孩子的观察力和感知力,使孩子无法多角度、多层次地去理解和感受世界。

我们对这个世界的了解,阻碍了我们进一步了解这个世界。当我们把自己对这个世界的了解灌输给孩子后,我们就阻碍了他们去真正认识和了解这个世界。

教育理论家约翰·杜威曾提到,教育应以经验为基础;通过互动和反思,孩子能更好地理解和应用知识。他主张教育不应只是知识的传递,而应是经验的分享和探究。所以,我们与孩子建立朋友关系,通过共同体验和相互理解,可以更好地实现教育的目标。

第十章

终其究竟之后

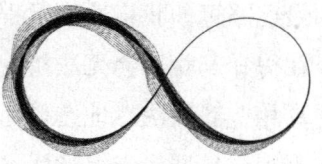

开悟的真相

"开悟"或"觉醒"的终极真相到底是什么？希望这一节能够成为大家彻底觉醒的最终路标。我将这个过程比喻为一路上最后一个岔路口，大部分人在得知真相后会无法接受，选择回到梦里；少部分人会在内心接受真相，毅然决然地选择通往真正的自己。这正是最后一个岔路口，因为一旦选择走继续回家的路，过了这一关后再无岔路口，你回家的路就是笔直的，你只管前行即可，不会再有岔路让你担忧是否走错了。

岔路口的抉择

对于无法在此接受终极真相的大部分人，继续选择回到梦里等待时机未尝不可，也不存在错过什么，反正早晚你会回家，目前可能只是时候未到。不如回到自己的剧情中，用心慢慢地体验，你也会有所感悟，或者收获更大。

此刻，请你安静下来，闭上眼睛思考一个问题，真实地面对自己，回答这个问题：你一路走到这里寻求真相、开悟、觉醒是为了什么？希望你非常真诚地问自己这个问题，不要批判，不要回避。

觉醒的真正目的

如果对自己足够坦诚，我相信大多数人的目的是：摆脱痛苦，摆脱目前糟糕的剧情，摆脱负债，让经济条件更好，关系更和谐，身体更好，拥有高于常人的能力及智慧，可以从更高的维度碾压他人，能俯瞰整张生命地图，有像神一样的优越感，可以控制和改变剧情，等等。虽然我没有列举全部的目的，但你可以自己类推。总之，大多数人就是希望开悟之后让这个剧情中的"小我"过得更好而已。

可能你们选择修行以及阅读类似的能让自己觉醒的书籍和文章，都是为了实现以上目的。那些给你们讲这方面内容的人，基本上也利用了这些"贪念"明里暗里地引诱你，让你觉得只要自己觉醒，就可以像神一样存在，能得到自己想要的一切，操控剧情的走向，于是你抱着希望而来。

终极真相：小我的死亡

无论你抱着怎样的目的走上这条路，今天我必须告诉你一个真相：开悟就是让"小我"去死。当然，这个"死"并不是真的让它这个角色去死，只是一个比喻。因为小我的存在，使得原本觉醒的你陷入梦里，挣扎对抗而引发痛苦。所以，你的觉醒必然伴随着小我的死亡。也就是说，从此再也没有"我"存在了，头脑仅仅是你的工具，需要的时候就使用它而已。你的一切体验和感受，不再考虑这个虚无的小我喜欢与否，每一个体验都是为了找到真正的自己

（生命）而已。

开悟和觉醒，并不是意味着小我可以控制和改变世界，而是对小我的解构和重新定位。觉醒后的你将超越小我，回归纯粹的生命体验之中，不再为个人欲望所困。这条觉醒之路，也许艰辛，但却是通往真实自我的唯一途径。

觉醒与轮回的本质

每次觉醒如果都伴随着肉体，那么，这种被动的觉醒毫无意义。只有在物质世界中彻底觉醒才是真正有意义的觉醒。只有在保持觉醒的状态下体验剧情，才有可能实现开悟（与生命合一）。如果觉醒总是因为肉体的死亡而被迫发生，这种觉醒已经在彼岸，彼岸没有"当下"给你机会实现自我。所以，这种觉醒是无效的，你只能选择剧本回到物质世界，只有这里才有"当下"，可以给你机会去完结、体验、臣服和接纳。

觉醒的真正意义

觉醒和开悟与小我角色的头脑毫无关系，这意味着醒来必将导致人生剧本的彻底改写。这种改写的力量来自生命，而不是小我、头脑的意识或潜意识。因此，改变后的剧情绝非小我所期望的那样更好，但也不是它认为的更糟，而是绝对不同。从生命的角度来看，这种改变肯定是更好的。

假设你原本的人生剧本是40岁时中大奖，生命原本计划通过这个事件让你体验获得与失去，最终领悟自我。但如果你在39岁时突然觉醒，并在每个当下都能接纳和臣服，那么，你的人生剧本会被改写，40岁时将不会中大奖（因为你不再需要了）。如果你知道这个改写的结果，你还会义无反顾地选择觉醒和臣服、接纳后的改变吗？

如果你坚定地回答"是"，那么，你的内在已经真正选择了觉醒。如果你犹豫了，表明你还未做好准备，仍然贪恋梦中的那些幻象，仅仅是想逃避不想要的体验。你不是真正想要觉醒，那就先放下吧！

圆的意义

记住圆的意义：怎么都行，什么都好，时候未到无须强求。生命的实相会一次次地给你上课，直到你的内心完全准备好义无反顾地回归。

从佛教的轮回理论来看，之所以有这种反复的生死轮回，是因为未能彻底觉悟，只有在现世中觉知，才能真正实现涅槃，结束轮回。在此过程中，内观修行可以帮助个体保持觉知，逐步实现与生命的合一。

在物质世界中彻底觉醒，保持觉知，才能真正实现开悟。每一次觉醒都需要在"当下"完成，通过不断地体验和接纳，逐步与生命合一。放下对梦中幻象的执着，接受生命给予的每一次体验，才是通往真我之路。希望本节的内容能够成为你在觉醒路上的明灯，指引你走向终极真相，找到真正的自己。

自我证悟的道路：内在觉知的力量

每个能够证悟到真相的人，其得到的答案都是相同的；而未证悟的人在幻象中，各有各的理解与答案。"真相只有一个，幻象千千万万。"我所有能写出来的，都是自己的内在证悟到的东西，而不是头脑学习或认可的别人的观点。对你们而言，应该把重点放在我介绍的方法上，自己去证悟一切，而不是仅仅关注我已经证悟到的真相本身。

方法的重要性

我的文字中最有意义的部分是方法，而非我告诉你们的那些最终真相。如果你想通过头脑与想象知道真相，不如去看看佛陀的描述，可能比我描述得更好、更具体，但我们实际上说的是同一件事、同一个真相。你自己证悟到的也会是同样的东西。

自我体验与头脑相信的区别

我描述真相的本质特征，实际上主要是为了满足你们头脑的好奇，而实现证悟的方法才是对你们最有帮助的部分。只要去做，也就是你们所说的修行，一切答案你们自己就都能知道。如果你仅仅由于崇拜和信任我而选择相信我所说的真相，就成了头脑层面的相信，这毫无意义。在这种情况下，你选择相信或质疑我所说的，其实都没有区别。相的两个面还是相。

头脑与生命的分离

信与不信都是头脑层面的东西，与生命毫不相干。因为你从未自己体验过，即使通过头脑知道并笃信了那些真相，也不是你的东西，因为头脑不是你。头脑在你生命结束时就会"报废"，你的头脑中储存的一切知识也会随之消失。如果你是通过内在觉知一步步地体验，这种"知道"是可以实现的。下一次你会更接近全部的真相。

内在觉知的永恒价值

只有通过内在觉知证悟到的，才是属于你的东西。这也解释了为什么那么多虔诚的信徒终不得解脱。他们仅仅由于信仰和崇拜，就用头脑去相信，从未自己去体验那些真相。你学习得再多，知道得再多，在死后都会全部归零，因为头脑早已"报废"。唯有通过体验和内在觉知证悟到的才是你的，才不会消失。

我的经验分享

我天生无宗教信仰，即便通过各种不可避免的方式接触到宗教信息，我的内在也一直是抗拒的。直到我一步步地证悟到与佛陀、老子等人描述的一致性后，我才开始翻阅他们的著作。我所扮演的角色从来都不相信外在的任何权威答案，只相信自己悟到的。我从未由于对方是圣人而选择从头脑层面信任和跟随，我的内在一直有"觉"在指引着。

开悟是积累的结果

开悟并非一朝一夕之事，正如佛陀的经历一样。我们所知的只是佛陀在他那一世的开悟，却不知他在无明世间经历了多少个轮回、体验了多少个幻象，最终才在那一世修成正果。

"修行"是一个体验与自我证悟的过程，而不是仅仅通过头脑去学习和了解真相。正是通过无数次的体验，我们才逐步接近真实的开悟。

内在觉知的礼物

头脑学习到的知识，只能保持到今生结束前。然而，每一次觉知的体验和证悟，却是你积累的宝贵财富，不会消失。开悟并非一朝一夕之事，而是需要历经多世的修行与体验。

当你进入窄门，见到真正的自己后所获得的礼物（真相），虽然我可以尽力用语言向你描述，但这份礼物只有你自己亲身去获取才有意义。正如佛陀教导的那样："如人饮水，冷暖自知。"每个人只有亲自体验，才能真正拥有觉悟后的智慧。

在寻求真相的道路上，单纯的知识积累并无大用。唯有通过亲身体验和证悟，才能获得属于自己的真知。只有当你亲自走进去，得到那份独属于自己的礼物后，才是真正的开悟。

开悟之境：超越凡尘的双重视角

开悟后有何不同

在生活中，你很难用肉眼辨认开悟者，因为他们并不像你想象的那样与众不同。他们经历了三重境界：最初"看山就是山"，随后"看山不是山"，最终"看山还是山"。真正的开悟者往往会返回尘世中继续体验自己所扮演的角色，而不是出离红尘。只不过这一次，他们拥有了完全不同的视角，内在已获得无限的自由。他们可能是你日常生活中见到的任何一个人：医生、乞丐、外卖员、企业家、普通员工，甚至商界的大佬。反而那些看起来与众不同、给人高高在上之感的修行人，基本上都不会是最终的开悟者。

角色的体验与束缚

开悟前后，你所扮演的角色并没有显著的变化，你该做什么依然做什么。角色还是要体验世间的各种束缚，包括生老病死、爱恨别离等。这些在前文中已经提及：角色本身来源于二元对立的幻象世界，是由你创造出来供自己体验的。因此，角色不可能是无限自由的，而是你回到了无限自由的状态。开悟者知道自己是谁，可以始终保持用观察者的角度看待这个世界。他们可以在每一个当下与角色融为一体，尽情地体验，也可以随时抽离出来观察角色。

开悟后的情感体验

很多人问我，开悟之后是否就像个旁观者，永远知道自己的真实身份，从而少了从世间的喜怒哀乐中获得的小快乐？遇到开心或不开心的事都不能融入进去，不就像个没有情感的机器人了吗？这些全部都是未体验者的头脑对于开悟的妄想和猜测。其实，真正开悟后的生活完全不是你的头脑所能想象和理解的那种自在。

用演员做类比

虽然用语言难以描绘开悟后的体验，但我想到，可以用一个相对接近的职业做类比，那就是演员。在演员拿到剧本后，他会去体验角色的生活背景和内心世界，只有非常贴近角色的内心，这个角色才能被演绎得有灵魂，也才能获得观众的好评。当导演喊"开始"后，演员进入角色开始表演，与其他演员互动。每一场戏都不同，演员需要根据剧情的需要表现出喜怒哀乐，直到全剧"杀青"。在表演过程中，演员知道自己的真实身份，即使在戏里哭得稀里哗啦，也不会忘了自己只是个演员。一个专业的演员在演戏时会与角色融为一体，那一刻他就是角色本身，只有这样的表演才称得上是表演。甚至有些演员由于太过与角色融合，导致"杀青"后很久都无法走出来。

有一个著名的寓言故事叫作"盲人摸象"。故事讲述了一群盲人各自摸到大象的不同部位,然后根据自己摸到的部位来描述大象的样子。有人摸到大象的腿,便说大象像柱子;有人摸到大象的尾巴,便说大象像绳子;有人摸到大象的耳朵,便说大象像扇子。这个寓言告诉我们,单凭部分经验很难了解整体,只有具备全局视角,才能真正理解事物的本质。开悟者就像那位见到整头大象的人,能够看到事物的全貌,而不仅仅是局部。

《道德经》中老子提出的"知其白,守其黑"也是一个很好的例子。这句话的意思是,一个真正智慧的人知道光明存在,但他选择在黑暗中安守。这象征真正的悟道者虽然明了世界的本质,但依然能够安然地生活在尘世中,不被外界的繁杂所扰。

在文学名著印度教的《薄伽梵歌》中,克里希那向阿尔朱娜阐述了"瑜伽"的本质,即在行动中保持不执着的心态。他教导阿尔朱娜要在战斗中履行自己的责任,同时保持内心的平静和超然。这种"在行动中不执着"的理念,与开悟者在世俗生活中的表现如出一辙:他们履行日常的责任,但内心却保持着不被外物牵动的自由。

从心理学的角度来看,角色扮演和角色融入是常见的心理现象。著名心理学家卡尔·荣格提出了"人格面具"理论,他认为每个人都在不同的社会情境中扮演不同的角色,这些角色或人格面具帮助人们适应社会,但同时也掩盖了人们的真实自我。开悟者则超越了这些人格面具,回归真正的自我,这与荣格的"个体化"过程有异曲同工之妙。

此外,神经科学的研究表明,人在体验某些状态时,大脑的某些区域会被激活。例如,当人们在高度专注或沉浸于某一活动中时,大脑的前额叶皮层会表现出明显的活动,这与开悟者完全融入自己所扮演的角色的状态类似。综上所述,开悟后的人生既有超然的观察者视角,又能够完全融入角色的体验。这种双重身份不仅丰富了生活的体验,也赋予了他们更深刻的内在自由。

从宗教寓言到心理学理论,再到对神经科学的研究,这些不同领域的观点共同支持了开悟后人们生活状态的独特性和真实性。

不可说：超越语言的开悟之旅

古今中外的所谓圣人或真正开悟之人，他们究竟悟到了什么？这是一个极具深度和广度的问题。这些伟大的人物所触及的，是那个绝对永恒不变的唯一真理——"空"。这个真理是无始无终的，是不可言说的，是超越一切世俗认知和语言表达的。

真理与经书的矛盾

为什么在世人看来，众多经书似乎各不相同，并且难以理解？这主要是因为我们在阅读这些经书时，使用的是我们头脑中积累的知识和观念。头脑本身是被三维物质世界的思想和教育所限制的，它充满了善恶、美丑、好坏之分，是相对的，是"不了义"的。而真理层面则是出世间法的，是智慧，是不思善、不思恶的唯一存在。真正的开悟并不是通过学习得来的，因为每个人本自具足。

表达的局限性

开悟的人并没有那种能够直接将自己所见到的"空性"传达给世人的神通，他们只能通过肉身，以语言和文字的形式来表达。一旦真理被表达出来，无论用语言还是文字，都会不可避免地形成"文字相"，变成知识，而不再是智慧本身。正如佛陀所说："说……即非……是名……"因为一旦说出来、写出来，真理就不再是真理，而是进入了世俗的领域。然而，如果不说不写，就无法传达真理。因此，佛陀和老子虽然被后世奉为神，但他们依然是人，只能通过这种无奈的方式传达自己开悟的经验。

指向真理的手指

所有的经书和圣贤文化仅仅像是指向真理的手指，而不是真理本身。世人在用头脑系统存储的知识去理解这些经书时，往往会产生无数种不同的解释。就如同几十亿人从未吃过苹果，他们只能通过经书上描述的苹果的味道和如何吃到苹果去解释。无论这些人多么博学广见，只要未曾开悟，他们理解经书的方式就只能停留在知识层面。即使对每本经书都理解了一些，他们也会觉得对苹果味道的描述存在差异，甚至矛盾。

知识与真理

真相是永恒不变的存在，而人类掌握的知识会随着社会的发展不断地更新迭代。包括所谓的三观，也会随着时代的变化而改变。我们可以用苹果来比喻真理：所有圣人都"吃过苹果"，而未开悟的人则从未吃过。每个圣人都不得不用自己的语言和文字来描述苹果的味道以及如何吃到苹果。例如，佛陀不仅采用讲故事和开法会的方式，还因为其身处古印度，用梵文来表达。尽管他明了宇宙和生命的真相，但他依然是人，无法脱离肉身的限制而直接用中文表达。

开悟的关键

如果你吃过苹果，你就会知道苹果的真实味道以及如何吃到苹果。几百本经书以及所有描述真相的文章，都只是在描述你吃到苹果的体验，你自然能明白这些描述，而不需要学习或研究。最重要的就是"悟"，如何去"悟"是关键。佛陀将其称为"省察之道"，即通过生活，在当下内观自心。活在当下，在每一个当下的实相中体验，从而去"悟"。不要总是活在头脑的想象和推理中。你来到这个世界上是为了通过行动体验每一个不同的实相带来的不同体验，从而悟到真相，想起自己是谁，而不是整天坐在那里空想，期望通过头脑的修行开悟。

所以，不可说，一说便错！

走出头脑的迷雾：回归真实自我的七大法则

一、不要模仿别人

无论一个人在你眼中多么成功，多么彻底地理解了真理，甚至被视为圣人，都不要去模仿他的任何行为、习惯或语言。你不应该活在别人的影子里。只有做真正的自己，才能回归本真，找回真正的自我。这与物质世界的逻辑截然不同。在物质世界中，通过模仿他人确实可以取得一定的成就，但在开悟的过程中，模仿是行不通的。一旦你开始模仿别人的行为习惯和语言风格来生活，就已经偏离了正确的道路。与其活在别人的影子下，不如活出真正的自己。

二、不要落入知识的陷阱

不要试图通过总结、归纳、提炼和分析各种知识来解释真理。看似广博的知识和专业的措辞，反而会让你陷入更深的思维陷阱。真相无须通过高谈阔论去了解，也不需要用华丽又专业的词汇去描述。只有回归简单，甚至达到无语言的境界，才能真正了解到真相。

三、不要主动提供所谓的"帮助"

这里的重点是"不主动"而不是"不帮助"。不要主动去帮助别人"醒来"。不要指导别人的人生、事业、婚姻、家庭等。根据第二条法则，此刻你的行为无疑是头脑系统运作的结果，只不过这种运作非常隐蔽，难以被你察觉。你不可能真正帮助到别人。你只是做了一件头脑认为很有意义的事而已。

你要清楚，就算你此刻真的有所开悟，那也仅仅是顿悟而已。开悟之后，需要在每一个实相中去体验，这个过程叫作"证悟"。如果你已经开始觉得自己掌握了丰富的知识，完全知道了真相，到处给别人指点迷津，你就又陷进头脑里面了。

从你真正开悟的那一天起，你的余生都是在一个个当下实相中去证悟。活在当下实相中，这句话适用于任何人。虽然你觉得突然悟了，明白了，但仍然需要去体验实相。如果你开始去"拯救"别人，那么，其实你可能还没有悟到究竟，只是陷入了头脑设置的巨大的陷阱。生命自会安排"学生"与"老师"任何形式的相遇。换句话说，"学生"会来找"老师"，而非"老师"主动教"学生"。

你的头脑永远是通过别人对你的定义来定位自己。如果你一直被外界视为心灵导师等角色，慢慢地你就会停止自己的开悟过程，以为自己已经开悟了。

四、关注当下实相

生命会安排因你而受益或你因他而受益的人出现在你的实相

里。你应该好好关注每一个当下实相，不要去做任何由人为干预的行为。让自己成为自己，让别人成为别人。若强行干预，你得到的都是相中相，这样会让自己陷进去。

五、放下电子产品

放下手机等控制你的一切电子产品，回到生活中的每一个当下去互动和行动。这并不是说不能接触电子产品，前提是你利用它们，而不是被它们利用。电子产品如同头脑，它们原本是你的工具，但现在几乎全人类都被这些工具控制，成了它们的傀儡。

你只有放下电子产品对你的消耗，才能有更多的实相互动体验。关于这个问题，可以推荐大家看看瑞典首席心理健康专家写的一本关于手机和大脑关系的书。虽然这本书中的每一句话并非都是绝对的真理，但确实包含了你需要的内容。书中详细讲述了为什么我们难以放下手机。理解了这个道理，再对照我讲的主题"你一生中最重要的体验都在每一个当下实相中，不在头脑中的幻象里，不在互联网里"，你就知道该如何做了。

六、不要对任何东西产生依赖

你应该自由到可以做任何事情、使用任何东西，但一旦你对任何东西产生了依赖，你就被它束缚了。例如，很多人依赖冥想打坐，依赖特定环境，依赖特定的程序和方法，结果这些就成了一种束缚。

七、回归自我

解决遇到的任何问题的原则是：向外寻求方法，向内寻求答案。永远不要去咨询别人。那些可以直接给你具体答案甚至帮你化解具体问题和担忧的人做的都是生意罢了。读完本书内容的你应该明白，每个人都有独立的世界，别人没有能力打开你的剧本窥探一二。那些说自己能看到你的前世今生的人，你不妨让他帮你预测未来某一天的彩票。反正他可以跨越时间维度，向前还是向后又有何区别呢？识破头脑的把戏，真实地对待自己的内心，回归实相，一步步地证悟。相信我，实相永远会给你带来惊喜与智慧。你才是自己正在寻找的答案。

　　践行这些法则后，你就可以找到更真实和有意义的生活方式，避免陷入头脑设的陷阱。记住，真正的智慧和觉悟只能通过你自己的体验和证悟获得。

终极意义

当我们追求真相时，总是会问自己一个关键的问题：最终悟到了真相后，对我们而言究竟有何意义？更具体地说，它对我们此生在物质世界的生活有什么帮助？这是一个深刻而重要的问题，关系到我们在这个世界上的存在与目标。

最初，你在红尘中迷失，随波逐流，机械地过着生活。然而，在某一刻，你忽然意识到，这一切可能只是一场梦。于是，你开始挣扎，试图从梦中醒来，渴望了解这场梦背后的真相。为了找到答案，你可能走了许多弯路，迷失于一个个幻象之中，但你从未放弃。其间，你或许经历了痛苦和迷茫，但你的内在始终知道，自己的目的是弄清楚自己究竟是谁。

生命一次又一次地展开，只有进入这个世界，你才有机会找到回家的路。这并非头脑所能推导的答案，而是生命通过体验为你铺设的道路。生命中的每一次体验都是在帮助你接近真相，接近那个真正的自己。

不要将这些真理当作一门学问去钻研。真理不是通过逻辑分析得到的理论。试图通过推理论证和归纳总结来理解真理，只会让自己困于"文字相"中。语言与文字本质上只是指向真理的"路标"，而不是真理本身。包括真相的概念，甚至它本身，也不值得你耗费时间去研究和分析。

真正的意义不在于理解真理，而在于能否在每一个当下的实相中去证悟它。每一次真实的体验，都是靠近真理的契机；每一个充满觉知的当下，都是指引你回家的路。放下头脑对知识的执着，把注意力转向实相，将这些文字所指的方向融入你的生命体验之中。唯有这样，真相才不再是一个概念，而成为你生命本质的一部分。

觉醒的不同阶段

无明，是大多数人所处的状态。这是一种深陷梦境却不自知的迷失，生命被头脑中的幻象所覆盖，真实的自我隐藏在层层迷雾之下。而当顿悟发生时，梦境开始变得不稳定，你的觉知开始苏醒，这是意识回归的初步征兆。

开悟，并非终点，而是回归之路的真正开始。就像拿到准考证意味着你终于有资格进入考场，但接下来还需要认真解答每一道题。开悟标志着你不再被头脑完全控制，但更重要的任务是在每一个实相中去实践觉知。

证悟，是开悟之后的实践过程。在每一个当下，你保持觉知，深入地体验每一个实相，真正活着。证悟不是逃离现实，而是深入现实，以清醒的觉知体验生命的全部，这种觉知不仅是观察，更是与生命的深度融合。

涅槃，是最终的回归。在你体验完所有实相，并彻底证悟到自己是谁后，你便不再被任何幻象束缚。此时，你已经回归生命的一体意识，超越了个体的界限，融入宇宙的本源中。涅槃不是结束，而是一种无尽的自由，是对生命无限本质的完全认知与体验。

这条路是从无明到顿悟，从顿悟到开悟，再从开悟到证悟，最终归于涅槃。每一步都无法跳跃，每一刻都需要你的觉知与体验。这条路看似漫长，但每一个当下，都在引领你回家。

每个人的觉知本质上都是开悟的状态。之所以无明，只是因为你来到这个世界后，被头脑中的幻象所欺骗，暂时忘记了自己的本质。事实上，你并不需要去寻求开悟，因为你从一开始就是以开悟的状态来到这个世界的。换句话说，开悟不是你此生的终点，而是你来到这个世界的起点。

既然开悟是你原本的状态，那么回到这种状态其实并不复杂。你不需要经历烦琐的步骤，只需要放下头脑中的执念，回归刚出生时婴儿那种纯粹无染的觉知中。头脑的欺骗性制造了幻象，但它并不能改变你的本质——觉知从未离开你，它只是被头脑中的噪声掩盖了。

就像准考证，开悟是你生来就有的凭证，它一直都在你手中。你不需要去重新获得它，而只需要将注意力从外界的幻象中转向内在，发现它早已在那里。然后，拿出这张"准考证"，直接进入生命的考场，用每一个当下的觉知开始"考试"即可。

生命的意义不在于追求开悟，而在于从开悟的起点出发，深入每一个当下的实相，通过体验和证悟一步步地了解自己是谁。你无须将开悟视为遥不可及的目标，而是认识到它本就是你存在的本质。回归觉知，回到当下，你便已在路上。

体验每一个实相

你此生的目标不是开悟，而是证悟。开悟是你早已具备的状态，是你选择来到这个世界后的起点。你此生的任务，是在自己挑选的人生剧本和实相中，通过每一个当下的体验去证悟。证悟是什么？证悟是深入每一个当下的实相，通过行动去感受和拓展自己的生命地图。你体验得越多，生命地图探测到的范围就越大，回归的路就越清晰，而你的人生也会因此更加丰盈精彩。

有人说，真相的究竟是"空"，因此他们在悟到"空"之后感到一切都毫无意义，甚至对物质世界提不起任何兴趣。他们选择出世，无欲无求，因为他们认为既然一切都是"空"，还追求什么呢？然而，这种理解是极大的误区。悟到"空"，只是觉悟的一个阶段，绝非终点。很多人停留在"空"的状态，以为自己已经彻底看透，殊不知这仅仅是跨进了门槛。

如果你能在"空"之后再迈出一步，就会发现真正的究竟。那是一种彻底的回归，你会明白生命的本质并不在于逃避或放弃，而在于全然地投入当下的生活。你会义无反顾地回到每一个当下，在那里积极地行动，拓展生命的体验，将生命地图的每一个角落点亮，因为这才是生命真正的意义。

"空"并不是终点，而是一个关键的转折点。它能让你从执念中解脱，但它真正的作用是让你拥有自由的视角，重新投入生活中的创造与体验。不要被"空"误导，以为它是一切的终点。真正的觉悟在于，你能够以超越"空"的眼光，投入每一个实相，尽情地探索生命的丰富与无限。这是生命赋予你的意义，也是你存在的目的。

行动带来的意义

你此生的目标是通过行动去体验生命地图上的每一处风景。那些头脑渴望追求的目标，实际上是生命精心设置的诱饵，目的是引导你完成"觉"的体验。就像你为孩子准备一场寻宝游戏。孩子以为自己的目标是找到被藏起来的"宝物"，但对设计游戏的你来说，真正的目的是让他在寻找的过程中锻炼思维、体验乐趣、增长智慧。对于孩子而言，目标是找到"宝物"；而对于游戏的设计者而言，目的却是引导孩子通过这个过程有所成长。

生命的目标，与头脑的逻辑恰恰相反。头脑执着于结果，认为成功或完成某件事情才有意义；而生命真正关心的是在追逐目标时的过程和体验。就像制作一幅坛城，这是一件需要耗费大量时间、精力和专注力才能完成的作品。对头脑来说，做出成品才有价值；而对生命来说，最珍贵却是制作过程中每一刻的投入与专注。

因此，无须纠结于头脑追求的目标或内心渴望的成就，它们本质上只是幻象，是头脑构建出来的执念。真正有价值的是伴随这些追求而来的行动与体验。如果没有头脑的欲望和执着，你可能缺乏行动的动力，而行动恰恰是体验的起点。

要感恩头脑的欲望和那些看似重要的目标，它们促使你迈出脚步，去经历生活的多样性。对头脑来说，追逐目标似乎是为了获得某种好处；但对生命来说，真正的价值在于追逐目标过程中每一刻的觉知。

觉知不会凭空出现，它只会在行动与体验中不断地深化。每一次的努力、每一个当下，都是让觉知深化的机会。通过这些体验，你会逐步点亮生命地图，靠近真相，最终明白自己究竟是谁。这才是你此生真正的意义所在。

行动，是你此生需要做的最重要的事情。只有通过行动，才能获得不同的实相体验，点亮生命地图。每个人的头脑中每天都会涌现出无数个欲望和渴望得到的东西，但大多数人缺乏与之匹配的强大行动力。"想要"与"不行动"之间的矛盾，正是让许多人痛苦的根源。

为什么明明想要得到，却又迟迟不愿意行动呢？最大的障碍来自头脑系统的目的性。头脑倾向于分析、判断、衡量，并依据所谓的胜算率决定是否行动。如果头脑认定做一件事情成功的概率是百分之百，大多数人会毫不犹豫地采取行动。然而，头脑的计算依赖于对未来的预测。而了解了真相之后，你会发现，头脑真的没有能力计算未来。头脑试图控制不可控的东西，这正是它的局限所在。

真正的自由在于超越头脑的局限，提升自己的行动力。不要被头脑的认知和给出的各种理由限制，行动才是你此生的核心目的。头脑所执着的目的，其实不过是为行动设计的诱饵。头脑认为目的最重要，计算着得失与结果，而真正的你会知道，这些目的并不重要。这些目的存在的唯一意义是促使你迈出步伐，让你行动起来。

悟到究竟后你会明白，结果只是头脑中的幻象，真正重要的是奔向结果的过程中每一个当下的体验。这些体验才是生命真正赋予你的礼物。行动，让自己超越头脑，走向生命的实相；行动，让自己在每一个当下找到自己存在的意义。

真正的觉悟与行动

"借假修真"这一概念在很多场合已被误用。你的生命借用这个幻象般的物质世界，设置出各种看似真实的目标，来"骗"头脑把这些目标当真。头脑为了让你得到这些东西，才促使你努力奔跑、采取行动。正是这些看似虚无的目标，激发了头脑的执念，而在头脑促使你一路狂奔追求这些目标的过程中，你的内在觉知通过行动达成了生命真正的目的——一次次累积体验，最终使你走向"觉"。在这一刻，你认识到，自己原来就是生命本身。

"觉"与头脑追求的目标完全不同，但二者可以完美地合作，各取所需。头脑要的是幻象，可能是事业成功，也可能是其他物质目标，这些不过是一个个"相"。而生命利用头脑的"想要"，激励身体去行动。在这个过程中，头脑可能执着于结果，但你——作为觉知的主体——收获的却是行动中的每一个真实体验。

头脑最终是否得到它追逐的那个"相"，其实并不重要。只要这个过程没有妨碍你在生命中的体验，生命通常会给头脑它想要的东西。而当生命没有给它时，也一定有其深刻的意义和理由。关键在于，你要始终以清晰的觉知去看待这一切，明白头脑去追逐只是手段，而真正有价值的是体验。

"借假修真"正是利用头脑中的幻象来完成生命中的觉知之旅。头脑追逐的是"相"，而觉知体验的是"实"。在这种合作中，幻象为行动提供动力，觉知则在行动中完成真正的成长与超越。头脑得到它需要的幻象，生命则获得了它所渴望的体验——这便是头脑与生命最和谐的合作方式，也是"借假修真"的真正意义所在。

离开了行动，物质世界存在的意义便失去了根基。而你的存在，也失去了目的。这就是为什么我一直试图将那些陷入显化幻象、沉迷于意念吸引的人拉回到真实的当下。因为在那种状态下，人几乎丧失了行动力，而没有行动，便无法打开生命地图。

喜欢一个人，即使他在地球的另一端，也需要你直接行动，站在他面前，去表达，去追求，而不是坐在家中用所谓的意念去吸引他。这种做法只是头脑的妄想，是不愿意行动的借口罢了。你就像一个一直站在原地不动的游戏角色，等待着时间将你从出生推向死亡，直到最后，你的生命地图可能连1%都未曾被点亮。

从现在开始，在弄清楚自己想要什么后，就立刻行动。想要金钱，就去努力；想要学历，就去考试；想要爱情，就去追求。像孩子一样，纯粹地面对自己的渴望，直接迈出第一步，而不是让头脑的顾虑、认知和经验将自己困在原地。头脑会告诉你，"能不能得到"才是关键，但你的觉知知道，真正重要的是在追求的过程中收获体验。

结果本身并不重要。得到了,不必骄傲或沉迷,因为那只是幻象;没得到,也轻松放下,因为头脑的失落并不影响自己真正成长。在行动的过程中,你早已在体验中得到了最珍贵的东西。生命不会随意拒绝你所扮演的角色的需求,若没有给你,也一定是对你有更深的安排。每一个结果,都是生命给予的礼物,以助你更好地走向完整。

到这里,我已经讲述了关于生命与真相的一切,也包括在觉悟之后,你这一生应该如何生活、如何行动。接下来,只能由你自己在体验中去验证和领悟。我不过是在此刻的时空中,受生命的安排,将这些信息用文字传递给你,而这些信息将通过你的生命视角投射到你的世界里,让你自己去感悟究竟的答案。

现在,让我们、让一切回归原点,回到你自己的物质世界去行动、践行和体验吧!一切答案最终都会在你的行动中被一一揭晓。

后　记

在尝试将内在生命系统的信息下载到头脑中并进行翻译的过程中，我深刻地体会到这个过程的复杂性和挑战性。每一个字节传递的信息都像一个巨大的压缩包涌入我的头脑，使我感到极度不适。每一次解压缩时，我的头脑都会剧烈地疼痛，仿佛试图将整个地球上的云储存信息包解压到仅有 64G 内存的手机中。这种类比仍不足以描述这个过程的复杂和庞大。

在撰写其他许多文章时，我很少遇到这种情况。本书中的信息更像是一个个超级压缩包，我可以将其分解并逐步解压。我的头脑无法一次性容纳所有信息，因此我采取了逐步解压、转译、删除和清空的方法，以确保头脑不会崩溃。然而，当涉及"叠加世界"这个主题时，我第一次感受到信息量之大，即使是最小单位的信息，也超出了我的头脑的承受范围。

信息解压与转译的挑战

你们可能会发现，我在某一章节中尽可能避免将压缩包彻底打开到最小单位。这里的最小单位是指可以通过有限的语言完全解释的简单明了的词汇。我知道很多人可能无法理解这一点，但我的头痛让我不得不放弃彻底解压。事实上，能否理解这些信息并不重要，它不会影响你们的生活，只是你们的头脑想要知道。

头脑与内在觉知的区别

我善意地提醒大家，如果遇到无法理解的内容，就请放下。每个人的头脑存储量不同，有些人甚至会由于过于钻研而导致精神崩溃。请记住，我所讲的内容几乎都与头脑无关，理解与否并不重要。你只需让内在觉知记住即可，即使头脑无法理解，也无关紧要。

很多人习惯于用头脑确认一切，这种习惯会成为阻碍。摆脱不了头脑的束缚，无论走到哪里都像是囚徒。内在觉知能感知到的东西，头脑未必能理解。许多人声称无法理解某些内容，这只是头脑的问题。事实上，你的内在觉知可能已经记住了这些信息，而头脑并不知道。

信息解压的能力与限度

细心的人会发现，在我撰写的众多文章中会提到，一些人以前读过许多类似的书籍，也了解了许多圣贤文化，但始终看不懂。然而，他们却能立即理解我的解释。这是因为我尽可能将信息包解压到最小单位，并用最简单的语言表达出来。并不是每个人的头脑和语言系统都具备这种能力，也不是所有信息都能被解压到最小单位。

生命系统中的信息如同一幅被折叠了上百万次的画，人类的头脑无法直接读取其中的信息。然而，如果有人能一点一点地帮你打开这幅画，将褶皱抹得越平整，你的头脑就越能理解。反之，如果能力有限，只能打开一点点，那么许多信息包只能以压缩文件的形式存在，而无法展开到最小字节形态。这就是许多人的头脑无法理解的原因。

语言的局限性

必须明确，人类的语言非常有限。真的没有任何人能将所有信息都降解到人类的语言范围之内。我一直在尽力而为，但人类语言的局限性使我几乎不可能完成这个任务。

总结而言，内在生命系统的信息庞大而复杂，人类的头脑和语言系统难以完全解读和表达它。我们需要接受头脑的局限性，更多地依赖内在觉知去感知和理解这个世界。只有这样，才能超越头脑这个囚笼，获得更深层次的智慧和觉悟。

如果生命是一场梦,
你愿如何醒来,
又如何走完这一程?